Carola von Kessel • Freizeitspaß mit Pferden

Bibliografische Information Der Deutschen Bibliothek
Die Deutsche Bibliothek verzeichnet diese Publikation in der Deutschen Nationalbibliografie; detaillierte bibliografische Daten sind im Internet über http://dnb.ddb.de abrufbar.

Der Schneider Verlag im Internet:
www.schneiderbuch.de

Vertrieb durch Egmont vgs verlagsgesellschaft mbH, Köln
Titelfotos: Sabine Stuewer (großes Bild), Ralf Kreuels (kleines Foto li und 3. von li, kleine Fotos Rückseite), Christian Hertneck (2. und 4. kleines Foto von li)
Innenfotos: Christian Hertneck (S. 32/33, 34, 35, 43, 48, 49, 50, 51 (2),135 unten); Lothar Lenz (S. 14, 37, 42, 63, 78/79, 85, 100/101, 103, 105, 114, 127); Ralf Kreuels (S, 3, 8/9, 10, 12, 13, 15, 17, 19, 21, 24, 27, 41, 45, 56/57, 58, 61, 65, 67, 73, 81, 82, 92, 94, 107, 120/121, 125, 128 (2), 132, 133, 134, 135 oben);
Sabine Stuewer (S. 4)
Vignetten: Irmtraud Guhe
Druck und Bindung: Westermann Druck Zwickau GmbH, Zwickau
ISBN 3-505-11993-8

04 05 / 8 7 6 5 4 3 2 1

I love horses

Freizeitspaß mit Pferden

Carola von Kessel

Schneider Buch

Liebe Leserin!

Liebst du gemütliche Geländeritte oder rasante Slaloms? Hast du Lust, gemeinsam mit deinem (Pflege-)Pferd schwimmen zu gehen oder eine Schlittenfahrt zu unternehmen? Je nach Wetter, Lust und Laune kannst du mit ein paar Freunden auch Reiterspiele veranstalten oder eine Quadrille einüben. Oder, oder, oder ...
Wenn's um die Freizeit mit Pferden geht, sind deiner Fantasie keine Grenzen gesetzt. Damit dir die Ideen nicht ausgehen, findest du in diesem Buch jede Menge Anregungen und Tipps für die Freizeitgestaltung mit Pferden. Und nicht nur das: In spannenden Geschichten erfährst du, was andere Mädchen mit ihren Pferden erlebt haben. Außerdem kannst du nachlesen, wie du dein Pferd für längere Ritte fit machst, welche Sicherheitsregeln du beachten solltest und was man außer Reiten noch alles mit Pferden unternehmen kann.

I-love-horses-Beratung

Übrigens: Wenn du Zugang zum Internet hast, kannst du auf unserer Homepage Fragen an Pferde-Experten stellen. Wir bieten dir dort eine regelmäßige Online-Beratung zu allen Themen rund um Pferde und Reiten.
Schau doch mal rein unter **www.schneiderbuch.de**.

Viel Spaß mit diesem Buch und viel Vergnügen in deiner Freizeit mit Pferden wünscht dir

deine
Carola von Kessel

Inhalt

Durch Feld und Wald

Es macht riesigen Spaß, hoch zu Ross durch die Landschaft zu streifen. Aber draußen in der Natur musst du immer mit unerwarteten Vorfällen rechnen ...

„In der Halle bin ich gut mit Aladin klargekommen – aber bei unseren ersten Ausritten hat er überhaupt nicht auf mich gehört." (Nicole, 13)

„Mein Pferd Mandy ist im Gelände total schreckhaft und fürchtet sich vor jedem Blatt, das im Wind raschelt." (Eva, 14)

„Beim Gruppenausritt ist mein Pflegepferd superbrav – aber alleine bekomme ich Foxi fast nicht vom Hof." (Svantje, 12)

„In unserem Stall gehen schon die Jährlinge als Handpferde mit ins Gelände. Dadurch haben sie später bei Geländeritten viel weniger Angst." (Isabella, 15)

Auf Umwegen zum Glück

„Los, Freyja, jetzt darfst du rennen!“ Die Hufe der Isländerstute Freyja trommelten über den Boden, und der Wind trieb Ina die Tränen in die Augen. Sie fühlte die rhythmischen Galoppsprünge von Freyja, atmete den vertrauten Geruch der Stute tief ein, sah ihre flatternde fuchsfarbene Mähne vor sich - und fühlte sich durch und durch glücklich. Ja, so machte Reiten Spaß!

Als sie die Anhöhe erreicht hatten, parierte Ina ihr Pony zum Schritt durch und lenkte Freyja am langen Zügel in einen schmalen Waldweg. Nach einigen Metern kamen sie zu einer kleinen Lichtung. Ina ließ sich aus dem Sattel gleiten und lockerte Freyjas Sattelgurt. Dann hakte sie das Trensengebiss aus dem Wanderreit-

Der richtige Sitz im Gelände

Im Gelände trabt man grundsätzlich leicht – man hebt also bei jedem zweiten Trabtritt den Po leicht aus dem Sattel und setzt sich anschließend wieder hin. Damit das Pferd nicht einseitig belastet wird, solltest du abwechselnd auf dem linken und auf dem rechten Fuß leichttraben. Ein Blick auf die Pferdeschultern hilft dir dabei: Wenn du beim Leichttraben den Po hebst, schwingt entweder die rechte oder die linke Schulter nach vorne. Achte darauf, dass du etwa gleich lange auf dem rechten und auf dem linken Fuß leichttrabst. So ersparst du deinem Pferd Verspannungen.

Auch im Galopp kannst du den Pferderücken entlasten, indem du in den so genannten ***leichten Sitz*** gehst. Dabei neigst du den Oberkörper nach vorne und hebst deinen Po leicht aus dem Sattel. Deine Beine liegen ruhig am Sattel bzw. am Pferd, ohne zu klammern.

PRAXISTIPP

Vorsicht bei Fresspausen!

Bevor du dein Pferd unterwegs fressen lässt, solltest du dich vergewissern, dass kein giftiges Grünzeug in seiner Reichweite ist. Es gibt nämlich eine ganze Reihe von Pflanzen, wie z. B. Adlerfarn, Sumpfschachtelhalm, Eibe und Oleander, die für Pferde äußerst giftig sind. Einen Überblick über giftige Pflanzen bekommst du in Fachbüchern oder im Internet (siehe Seite 140).

Und noch eine Regel für Fresspausen: Bitte binde dein Pferd nie am Trensengebiss an! Wenn es einmal erschrickt und sich nach hinten wirft, kann es sich an dem Gebiss schlimm verletzen.

halfter und machte die Zügel wie einen Führstrick am Halfter fest. Freyja wusste schon, dass jetzt eine Pause auf dem Programm stand. Sofort begann die Stute das Gras auf der Lichtung zu rupfen.

Sommerglück mit Freyja

Ina legte sich neben ihrer Stute ins Gras, blinzelte ins Sonnenlicht, hörte das Malmen von Freyjas Zähnen und genoss es, einfach so dazuliegen und Freyjas Nähe zu spüren. Jahrelang hatte sie von einem eigenen Pferd geträumt, und seit dieser Traum vor einigen Monaten in Erfüllung gegangen war, schwebte Ina ständig auf Wolke sieben. Sie schloss die Augen und döste ein bisschen vor sich hin.

Doch plötzlich war es mit der Ruhe vorbei: Auf einmal ruckte Freyja kräftig am Zügel und holte Ina in die Wirklichkeit zurück. Erstaunt richtete Ina sich auf. Was hatte die Stute nur? Mit hoch erhobenem Kopf stand sie da und schnaubte aufgeregt. Ihr Ohrenspiel deutete darauf hin, dass sie aufmerksam in alle Richtungen lauschte.

Nur Ina hörte nichts. „Hoo, Süße! Es ist alles in Ordnung“, versuchte sie ihr Pferd zu beruhigen – aber Freyja begann nervös herumzutänzeln. Seufzend rappelte Ina sich auf und trenste die Stute vorsichtshalber wieder auf. So hatte sie Freyja besser im Griff, falls sie wirklich davonlaufen wollte.

Weshalb Pferde scheuen

Pferde sind Fluchttiere. Wenn sie ein ungewohntes Geräusch oder eine plötzliche Bewegung wahrnehmen, denken sie instinktiv ans Weglaufen. Denn es könnte ja sein, dass auf einmal ein Raubtier aus dem Busch springt und über sie herfällt!

Ihr Erbgedächtnis warnt die Pferde auch heute noch vor möglichen Angreifern, selbst wenn es bei uns längst keine frei lebenden Tiger und Löwen mehr gibt.

Es ist also ganz normal, wenn dein Pferd im Gelände ab und zu mal scheut und einen Satz zur Seite macht. Bitte bestrafe es nicht dafür – das Pferd hat wirklich nichts Übles im Sinn, sondern folgt nur seinem Fluchtinstinkt.

Ina auf Verfolgungsjagd

Ina zog gerade den Sattelgurt wieder an, als es neben ihnen im Unterholz laut krachte. Freyja machte einen erschrockenen Satz zur Seite, und Ina traute ihren Augen kaum: Da kam ein reiterloses Pony durchs Dickicht gestürmt! Es trug einen Sattel, und die Zügel schlackerten um seinen Hals. Es sah ganz so aus, als hätte das Pony unterwegs seinen Reiter verloren.

Das braune Pony hatte Freyja entdeckt und wieherte aufgeregt. Doch bevor Ina das Pony festhalten konnte, war es auf der anderen Seite der Lichtung schon wieder im Wald verschwunden.

Ina zögerte keine Sekunde. Sie wusste, wie gefährlich es war, wenn Pferde frei durch die Landschaft liefen. Nicht auszudenken, was passieren würde, wenn der kleine Braune in ein Auto rannte! Kurz entschlossen schwang Ina sich auf Freyjas Rücken und nahm die Verfolgung auf. Vorsichtig dirigierte sie ihre Stute ins Dickicht - auch wenn es verboten war, quer durch den Wald zu reiten. Heute musste Ina eine Ausnahme machen. Wie sollte sie sonst das Pony einfangen?

Tief im Wald

Ina versuchte den Wald möglichst geradlinig zu durchqueren, doch immer wieder musste sie um umgestürzte Bäume oder dichtes Dornengestrüpp herumreiten. Plötzlich standen sie vor einem kleinen Bach. Nach kurzem Zögern stapfte Freyja durchs Wasser, aber als sie am anderen Ufer ankamen, war von dem braunen Pony keine Spur mehr zu entdecken. Trotzdem bahnte Freyja sich unbeirrt ihren Weg durchs Unterholz, als wüsste sie genau, wo sie

Wo darf man reiten?

Geländereiter müssen sich immer an angelegte Straßen und Wege halten und dürfen nicht über Felder und Wiesen oder quer durch den Wald reiten. Eine Ausnahme sind im Herbst die abgemähten Stoppelfelder.

Im Wald dürfen Pferde in manchen deutschen Bundesländern nur ausgeschilderte Reitwege benutzen, in anderen Bundesländern darf man grundsätzlich auf allen Wegen reiten, die nicht mit einem Reitverbotsschild gekennzeichnet sind.

Einzelheiten über das Reitrecht in deiner Region kannst du bei der Deutschen Reiterlichen Vereinigung oder bei der Vereinigung der Freizeitreiter und -fahrer erfragen (siehe Seiten 139/140).

Tölt und Pass – was ist was?

Manche Pferde, darunter viele Isländer, beherrschen außer Schritt, Trab und Galopp noch weitere Gangarten. Im Tölt ist die Fußfolge ähnlich wie im Schritt, nur sehr viel schneller. Dabei sitzt der Reiter trotz des höheren Tempos sehr bequem, weil sich der Pferderücken im Tölt nur wenig hebt und senkt.

Der Pass ist für den Reiter dagegen eher unbequem. In dieser Gangart bewegt das Pferd jeweils die beiden linken bzw. rechten Beine gleichzeitig nach vorne. Passgänger können im Renntempo rasend schnell laufen – aber Rennpass ist nur was für erfahrene Gangpferdereiter!

hinwollte. Ina beschloss, sich ihrem Pferd anzuvertrauen und ließ Freyja gewähren.

Endlich kamen sie an einen breiten Kiesweg. Ina parierte Freyja durch und sah sich um. Sie hatte keine Ahnung, wo sie hier waren - noch nie war sie so weit in den Wald vorgedrungen. Freyja bog nach rechts ab, und Ina ließ die Stute antölten.

Wie Katz und Maus

Da spitzte Freyja auf einmal die Ohren und trompetete ein lautes Wiehern durch den Wald. Sofort kam irgendwo aus dem Gebüsch auf ihrer rechten Seite eine gewieherte Antwort. Aufmerksam spähte Ina in das Dickicht - und da entdeckte sie tatsächlich etwas Braunes, das von ihnen wegtrabte!

Ina versuchte dem Pony zu folgen. Doch es war wie verhext: Immer wenn sie näher als zehn Meter an den Braunen herankamen, lief er davon! Ina blieb nichts anderes übrig, als sich mit Freyja quer durchs Unterholz zu schlagen. Dabei merkte sie überhaupt nicht, wie die Zeit verging ...

Nasses Vergnügen

Bitte reite nur durch Flüsse und Bäche, deren Grund du gut erkennen kannst. Sonst könnte es passieren, dass du mit dem Pferd im Sumpf versinkst!

Zum Einstieg ins Wasser solltest du deinem Pferd die Zügel lang lassen, sodass es sich selbst die günstigste Stelle suchen kann. Befindet ihr euch dann im Bach oder Fluss, treibst du es energisch vorwärts.

Bevor das Pferd am anderen Ufer wieder aus dem Wasser klettert, gehst du am besten in den leichten Sitz (siehe Seite 58). So bist du darauf vorbereitet, dass es vielleicht mit einem großen Satz ans Ufer springt.

Hilfe, verirrt!

Der Abend dämmerte schon, als Ina endlich beschloss, die Verfolgung aufzugeben. Es hatte ja doch keinen Sinn! Das Pony ließ sich einfach nicht fangen.

Es war wohl am besten, wenn Ina auf dem schnellsten Weg nach Hause ritt. Nur: Wo ging es nach Hause?

Immer wieder hielt Ina an und versuchte sich zu orientieren – aber ohne Erfolg. Es dauerte eine Weile, bis sie sich eingestand, dass sie wirklich nicht die allergeringste Ahnung hatte, wo sie sich eigentlich befand ...

PRAXISTIPP

Orientierung im Gelände

Was tun, wenn du dich verirrst und weder Landkarte noch Kompass dabeihast? Bitte schlag dich nicht querbeet durch den Wald, sondern folge dem nächstbesten, möglichst breiten und gut ausgebauten Weg. Im Gegensatz zu vielen kleinen Trampelpfaden führt er höchstwahrscheinlich zu einer Ortschaft oder zumindest zu einer größeren Straße. Folge der Straße bis zum nächsten Dorf – dort kannst du in Erfahrung bringen, wo du dich genau befindest und wie du wieder heimkommst.

Gesucht und gefunden

Nach einer Weile stieg Ina ab, weil sie in der Dämmerung nicht mehr richtig sehen konnte, was sich vor Freyjas Hufen befand. Jetzt stapfte sie vor ihrem Pferd durch den fast dunklen Wald. Und da tauchte vor ihnen plötzlich das Pony auf! Mit bebenden Flanken stand der kleine Braune nur zwei Meter von Ina entfernt.

„Ganz ruhig, mein Kleiner“, sagte Ina mit tiefer, besänftigender Stimme und näherte sich dem Pony vorsichtig. Jetzt entdeckte sie auch, weshalb das Pony hier wie angewurzelt mitten im Unterholz stand: Es war mit den Zügeln an einer Astgabel hängen geblieben und konnte weder vor noch zurück.

„Keine Sorge, ich befreie dich“, sagte Ina und streifte den Zügel vom Ast.

Während Freyja und das Pony sich neugierig beschnupperten, machte Ina sich wieder auf den Weg. Mit einem Pony links und einem Pony rechts an der Hand suchte sie nach dem nächstbesten größeren Weg. Doch es war gar nicht so einfach, zwei Pferde zu führen, die sich überhaupt nicht kannten. Die ganze Zeit versuchten die beiden sich gegenseitig zu beißen, und Ina hatte alle Hände voll zu tun, um die Ponys irgendwie unter Kontrolle zu behalten.

Völlig am Ende

Es schien eine Ewigkeit zu dauern, bis sie endlich an einen größeren, befahrbaren Waldweg kamen. Da beide Pferde nach links drängelten,

bog Ina in diese Richtung ab und hoffte inständig, dass bald eine Ortschaft auftauchen würde. Sie war müde und erschöpft, ihre Füße brannten, und ihr Mund war völlig ausgetrocknet. Vom Hunger ganz zu schweigen - sie hatte seit dem Mittagessen nichts mehr zu sich genommen!
Irgendwann hörte Ina auf zu denken. Sie trottete nur noch apathisch durch den Wald und setzte müde einen Fuß vor den anderen. Ihr war klar, dass ihre Eltern sie bestimmt längst vermissten und sich größte Sorgen machten. Aber sie konnte nichts unternehmen - außer auf baldige Rettung zu hoffen ...

Licht der Hoffnung

Endlich entdeckte Ina in der Ferne einen Lichtschein. Das Licht kam schnell näher, und bald erkannte sie, dass es zu einem Fahrrad gehörte.
„Halt!", rief Ina laut, als der Fahrradfahrer in Rufweite war. „Bitte helfen Sie mir!"
Das Fahrrad hielt an, und das Licht erlosch. Im schwachen Mondschein erkannte Ina einen etwa 15-jährigen Jungen, der von dem Fahrrad stieg.

Nie ohne Handy!
Selbst für geübte Reiter ist es riskant, alleine auszureiten. Denn wenn man nach einem Sturz schwer verletzt im Gelände liegt und womöglich erst nach vielen Stunden gefunden wird, kann das üble Folgen haben. Deshalb solltest du niemals ohne Handy ausreiten. Auch bei Gruppenritten sollte mindestens ein Reiter ein Mobiltelefon dabeihaben.

„Da bist du ja, Gauner!", rief er zu Inas großer Überraschung und klopfte dem braunen Pony den Hals. „Also echt - du machst ja Sachen!"
Jetzt wandte der Junge sich an Ina. „Vielen Dank, dass du Gauner eingefangen hast", sagte er. „Wo hast du ihn gefunden?"

„Irgendwo dahinten im Wald", antwortete Ina und deutete unbestimmt hinter sich. „Ehrlich gesagt habe ich keine Ahnung, wo ich hier überhaupt bin."

„Da vorne im Tal liegt Heimershausen", erklärte der Junge und sah Ina fragend an. „Und von wo kommst du?"

„Mein Pony steht in Gugeldorf", antwortete Ina.

„Waaas?", rief der Junge. „Das ist ja ewig weit entfernt!"

„Ich weiß", erwiderte Ina, und plötzlich konnte sie die Tränen nicht mehr zurückhalten.

Der Junge nahm ihr schweigend Gauners Zügel aus der Hand und legte tröstend den Arm um ihre Schultern.

Als Inas Tränen nachließen, machten sie sich Seite an Seite auf den Weg nach Heimershausen. Unterwegs erzählte Ina von ihrem Irrritt durch den Wald. Dann war Jakob, so hieß der Junge, mit Erzählen an der Reihe: Seine Schwester Peggy war mit Gauner unterwegs gewesen und vom Pferd gefallen. Peggy hatte sich den Fußknöchel verstaucht und war mühsam heimgehumpelt – aber obwohl das schon mittags gewesen war und Jakob und seine Eltern sofort mit der Suche nach dem Pony begonnen hatten, war von Gauner keine Spur zu entdecken gewesen.

„Wir konnten ja nicht ahnen, dass er fast bis Gugeldorf läuft", meinte Jakob kopfschüttelnd. Er schaute Ina an und sagte: „Also, eines steht jedenfalls fest: Heute kannst du nicht mehr heimreiten."

Endlich in Sicherheit

Kurz darauf erreichten sie Jakobs Heimathof und brachten die Pferde in den Stall. Dann rief Jakob seine Eltern an, die ebenfalls noch auf der Suche nach Gauner im Wald unterwegs waren.

Anschließend wählte Ina ihre eigene Nummer – und hatte ihre völlig aufgelöste Mutter am Apparat. Erst als Ina ihr ungefähr zehnmal versichert hatte, dass es ihr wirklich gut ging, beruhigte ihre Mutter sich langsam.

„Wir holen dich gleich ab", meinte Inas Mutter. „Kannst du Freyja denn bis morgen in Heimershausen lassen?"

Ina wandte sich an Jakob und

fragte: „Kann mein Pferd über Nacht bei euch bleiben?"
„Na klar", erwiderte Jakob. „Wir haben genug Platz in der Scheune – und für dich haben wir auch ein Gästebett, falls du hier übernachten möchtest." Während er das sagte, legte er seine Hand auf Inas Arm, und ein heißes Kribbeln stieg in ihr hoch.
Ina spürte, wie sie knallrot wurde. Ein Glück, dass die Diele, in der das Telefon stand, nur spärlich beleuchtet war!
„Freyja und ich können hier übernachten", sagte sie zu ihrer Mutter. „Wenn ich hier bleibe, kann ich mich morgen früh gleich mit Freyja auf den Heimweg machen."

Wie sattelfest muss man fürs Gelände sein?

Bevor du dich ins Gelände wagst, solltest du dein Pferd im Schritt, Trab und Galopp beherrschen und auch bei einem plötzlichen Satz zur Seite nicht gleich herunterfallen.

Außerdem musst du wissen, wie man Geländeschwierigkeiten, wie z. B. Hänge, Wasserstellen und kleine Sprünge meistert, wie man sich als Reiter im Straßenverkehr verhält und welche Situationen für Pferde Furcht erregend sein können.

Erfüllst du diese Voraussetzungen? Dann kannst du in Gesellschaft eines erfahrenen Erwachsenen deine ersten Ausritte wagen. Viel Spaß dabei!

„Ich komme mit!", mischte Jakob sich ein. „Ich kann dich nach Gugeldorf begleiten!"
Bei dieser Aussicht klopfte Inas Herz gleich noch schneller.
Nach einigem Zögern sagte ihre Mutter zu. Als Ina auflegte, war sie erschöpft und aufgeregt, erleichtert und überglücklich zugleich ...

Ein Pony spielt Schicksal

Während Ina telefoniert hatte, waren Jakobs Eltern heimgekommen, und seine Mutter hatte gleich den Tisch für Ina gedeckt. Ein Teller Kartoffelsuppe und ein paar Scheiben Bauernbrot mit Käse warteten auf Ina. Selten hatte ihr ein Abendessen so gut getan!
„Wir sind dir sehr dankbar, dass du Gauner wohlbehalten zurückgebracht hast", sagte Jakobs Mutter und schenkte Ina noch ein Glas Saft ein.
„Und ich bin Jakob sehr dankbar, dass er mich hierher gelotst hat", erwiderte Ina. „Ich war schon ziemlich am Ende."
„Das kann ich gut verstehen", meinte Jakob und legte wieder den Arm um Inas Schultern.
Jakobs Mutter warf den jungen Leuten einen erstaunten Blick zu. Dann sagte sie: „Na, es sieht ganz so aus, als hätte Gauner heute Schicksal gespielt ..."
Jakob meinte übermütig: „Du hast's erfasst – und deshalb werden Ina und ich jetzt in mein Zimmer gehen!"
„Aber Ina muss bald ins Bett", protestierte seine Mutter. „Sie hat einen anstrengenden Tag hinter sich!"
„Ist schon gut", wehrte Ina lächelnd ab. „Ich fühle mich schon wieder ganz fit!"

Von wegen fit ...

Als Ina wenig später auf Jakobs Bett saß und seine Lieblings-CD anhörte, musste sie an ihre Pause heute Nachmittag auf der Waldlichtung denken und daran, wie schnell sich alles ändern konnte. Heute Nachmittag hatte sie sich glücklich gefühlt – und nun war sie mega-turbo-superglücklich. Mindestens. Aber über das passende Wort würde sie ein anderes Mal nachdenken, denn jetzt setzte Jakob sich neben sie. Ina schloss die Augen, lehnte den Kopf leicht an seine Schulter – und war wenige Sekunden später tief und fest eingeschlafen ...

TEST

Wie sicher bist du im Gelände?

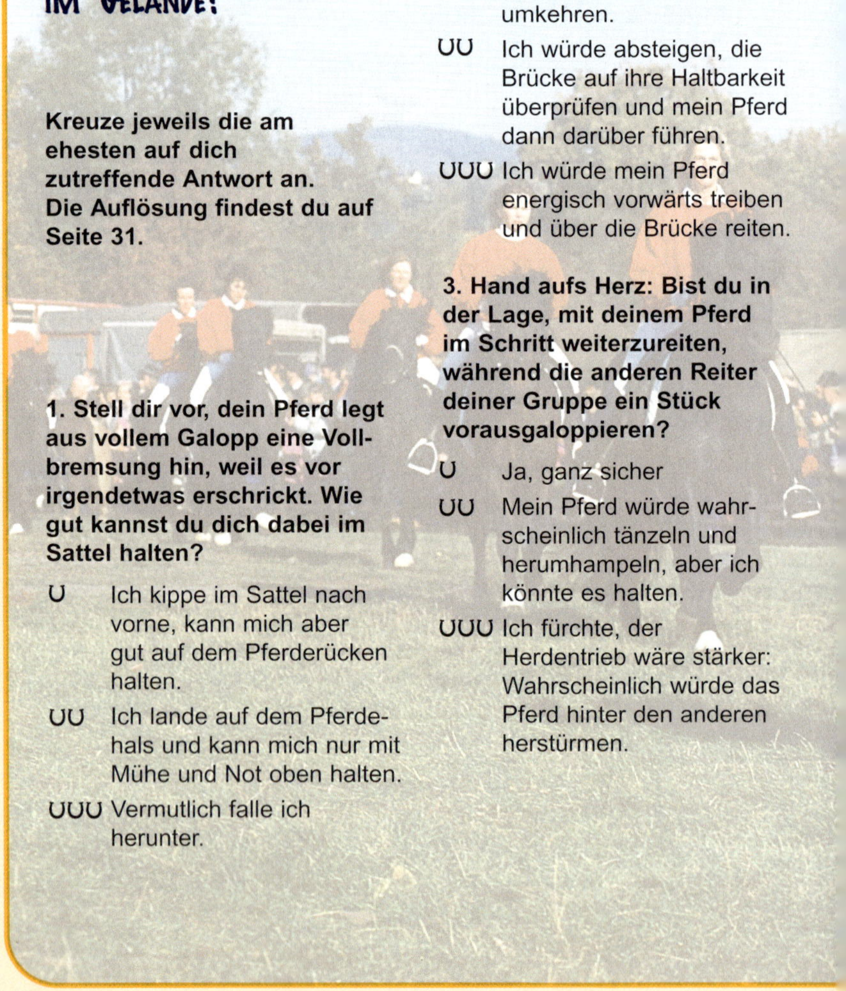

Kreuze jeweils die am ehesten auf dich zutreffende Antwort an. Die Auflösung findest du auf Seite 31.

1. Stell dir vor, dein Pferd legt aus vollem Galopp eine Vollbremsung hin, weil es vor irgendetwas erschrickt. Wie gut kannst du dich dabei im Sattel halten?

U Ich kippe im Sattel nach vorne, kann mich aber gut auf dem Pferderücken halten.

UU Ich lande auf dem Pferdehals und kann mich nur mit Mühe und Not oben halten.

UUU Vermutlich falle ich herunter.

2. Was würdest du tun, wenn du auf einem neuen Reitweg unterwegs wärst und der Weg plötzlich über eine schmale Holzbrücke führen würde?

U Ich würde vorsichtshalber umkehren.

UU Ich würde absteigen, die Brücke auf ihre Haltbarkeit überprüfen und mein Pferd dann darüber führen.

UUU Ich würde mein Pferd energisch vorwärts treiben und über die Brücke reiten.

3. Hand aufs Herz: Bist du in der Lage, mit deinem Pferd im Schritt weiterzureiten, während die anderen Reiter deiner Gruppe ein Stück vorausgaloppieren?

U Ja, ganz sicher

UU Mein Pferd würde wahrscheinlich tänzeln und herumhampeln, aber ich könnte es halten.

UUU Ich fürchte, der Herdentrieb wäre stärker: Wahrscheinlich würde das Pferd hinter den anderen herstürmen.

4. Was tust du, wenn sich dein Pferd im Gelände vor irgendetwas fürchtet und wie angewurzelt stehen bleibt?

U Ich treibe es mit Schenkeln, Gewicht und notfalls mit der Gerte vorwärts, bis es an dem Furcht erregenden Gegenstand vorbeigeht.

UU Ich steige ab und versuche mein Pferd an dem Gegenstand vorbeizuführen.

UUU Ich rede ihm beruhigend zu und warte, bis es von sich aus weitergeht.

5. Wie verhältst du dich, wenn dein Pferd beim Ausritt plötzlich zu grasen beginnt?

U Ich ziehe kräftig am Zügel und schlage das Pferd mit der Gerte, bis es zu fressen aufhört.

UU Ich rucke scharf am Zügel, bis das Pferd den Kopf wieder hochnimmt. Statt es zu bestrafen, passe ich künftig besser auf, dass es den Kopf nicht nach unten nimmt.

UUU Ich steige ab und versuche das Pferd vom Boden aus weiterzuziehen.

6. Stell dir vor, du bist alleine mit deinem Pferd unterwegs und begegnest einer fremden Reitergruppe. Dein Pferd will hinter den anderen Pferden her. Wie verhältst du dich?

U Ich ziehe vorsichtshalber an den Zügeln, um meinem Pferd zu zeigen, dass ich die Lage voll im Griff habe.

UU Ich rede meinem Pferd beruhigend zu und versuche es durch Übungen wie Schenkelweichen oder Gangartenwechsel auf andere Gedanken zu bringen.

UUU Ich schimpfe laut mit meinem Pferd und versetze ihm jedes Mal, wenn es den anderen Pferden nachwiehert, einen Hieb mit der Gerte.

So ein Galopp ist ein herrliches Vergnügen – aber die Reiter müssen das Tempo bestimmen können.

Nervenkitzel im Galopp

Wie du dein Pferd dazu bringst, auch im Gelände ruhig und gelassen zu galoppieren.

Galoppieren macht Spaß – oder doch nicht?

Galopp war die absolute Lieblingsgangart von Pauline und Anja – und von ihren Pferden Nero und Bella. Mit Vorliebe preschten die vier im schnellen Galopp über die Feldwege, dass Matsch und Steinchen nur so in alle Richtungen spritzten.
Am meisten Spaß machte der Galopp auf dem breiten Wiesenstreifen am Fluss, der hinter dem Stall vorbeifloss. Nach jedem Ausritt ließen Pauline und Anja ihre Pferde hier noch einmal so richtig losdüsen, bevor sie vergnügt zum Stall zurückkehrten.

Die Macht der Gewohnheit

Vor lauter Freude am Galoppieren bekamen die Freundinnen nicht mit, dass Bella und Nero sich immer mehr ihrem Einfluss entzogen. Die Pferde hatten schon längst beschlossen, den Wiesenstreifen am Fluss grundsätzlich immer im Galopp zurückzulegen - ob es ihren Reiterinnen passte oder nicht ...
Doch Anja und Pauline merkten nichts davon. Bis zu jenem Tag, an dem sie im Gelände zwei anderen Reiterinnen begegneten. Die beiden Frauen waren neu im Stall und sie beschlossen, zu viert zum Hof zurückzureiten. Aber daraus sollte nichts werden ...
„Was haltet ihr davon, wenn wir noch ein Stück traben?", fragte eine der Frauen, als sie den Wiesenstreifen am Fluss erreichten. Aber in diesem Moment starteten Nero und Bella schon durch. Mit einem Affenzahn preschten sie los, und Anja konnte den Frauen nur noch über die Schulter zurufen: „Wir galoppieren hier immer!"
Da fegten Bella und Nero auch schon um die Flussbiegung, und Anja und Pauline begannen das Bremsmanöver einzuleiten. Als sie die Pferde nach wildem Zerren am Zügel endlich wieder zum Schritt durchpariert hatten, wechselten die Freundinnen betretene Blicke.
„Sieht ganz so aus, als ob Nero und Bella auf dem Heimweg immer durchgehen", meinte Pauline.
Anja nickte. „Und wir haben es nicht gemerkt, weil wir hier sowieso immer im Galopp reiten", meinte sie zerknirscht.
„Wir sollten Bella und Nero wohl besser umerziehen, bevor ein Unglück passiert", meinte Pauline.
Noch am gleichen Tag schrieben Pauline und Anja einen Trainingsplan für Nero und Bella auf (siehe Seite 26).

Gelassenheit ist Trumpf!

Zu Beginn der Umerziehung waren Nero und Bella nicht gerade begeistert. Kein Wunder - schließlich sind Pferde Gewohnheitstiere, und die beiden wollten anfangs nicht einsehen, dass sie auf den gewohnten Strecken nun plötzlich nicht mehr rasen durften.

Trainingsplan für Nero und Bella

1. Regelmäßig am Reitunterricht teilnehmen, damit Nero und Bella besser auf die Reiterhilfen reagieren.
2. Auf dem Reitplatz oder in der Halle Gangartenübergänge und vor allem das Durchparieren aus allen Gangarten üben.
3. Im Gelände bisherige Galoppstrecken erst einmal grundsätzlich im Schritt zurücklegen.
4. Wenn die Pferde sich dabei aufheizen, absteigen und sie im Schritt führen.
5. Falls möglich, einen oder zwei Reiter mit ruhigen, erfahrenen Pferden um Schritt-Begleitung bitten.
6. Bella und Nero ausgiebig loben, wenn sie auf den bisherigen Galoppstrecken ruhig im Schritt bleiben!
7. Grundsätzlich auf dem Rückweg zum Stall nicht galoppieren.
8. Erst wenn die Pferde über mehrere Wochen auf den gewohnten Galoppstrecken ganz ruhig bleiben, zwischendurch einen kurzen Trab einlegen.
9. Sobald die Pferde zu drängeln beginnen, zum Schritt durchparieren und Nero und Bella mit leichten Dressurlektionen (z. B. Schenkelweichen, Volten) beschäftigen.
10. Wenn die Pferde sich auf allen Strecken im Gelände gut im Tempo regulieren und durchparieren lassen, ist die Umerziehung abgeschlossen.

Mit viel Geduld und Verständnis gelang es Pauline und Anja allmählich, den beiden die Rennerei abzugewöhnen. Sie hielten sich streng an ihren Trainingsplan und verzichteten im Gelände erst einmal völlig auf ihren geliebten Galopp, auch wenn es ihnen schwer fiel.
Die Freundinnen hatten Erfolg: Es dauerte zwar mehr als drei Monate – aber dann war es so weit: Nero und Bella schlenderten im Schritt am langen Zügel gelassen über die einstige Galoppstrecke am Fluss, ohne auch nur im Geringsten ans Rennen zu denken.

Plötzlich Vorbild ...

Anja und Pauline legten die Flussstrecke gerade im Schritt zurück, als sich von hinten rasantes Hufgetrappel näherte. Da kam auch schon eine junge Reiterin aus dem Nachbarstall auf einem großen Braunen angaloppiert.

„Wollt ihr nicht mitgaloppieren?", rief sie und versuchte den Braunen zu bremsen. Doch der schlug nur unwillig mit dem Kopf und preschte weiter.

„Nein, danke!", erwiderte Anja. „Aber lass dich nicht aufhalten!" Doch das hörte die Reiterin vermutlich gar nicht mehr, so schnell war sie an den Freundinnen vorbeigeschossen. Und Nero und Bella? Die schauten interessiert hinter dem Braunen her und blieben ganz ruhig.

„Ihr seid einfach super!", lobte Anja und kraulte Nero liebevoll am Hals. „Ich hätte nie gedacht, dass ihr eines Tages als Vorbilder für andere dienen könnt!"

Das hatten sich Nero und Bella selbst wohl auch nicht vorstellen können ...

QUIZ

Einmaleins des Geländereitens

Kreuze die richtigen Antworten an. Die Auflösung findest du auf Seite 31.

1. Auf welchem Boden kann man im Gelände traben oder galoppieren, ohne den Pferdebeinen zu schaden?

A Auf möglichst hartem, ebenem Boden wie z. B. auf Teerstraßen

B Auf weichem, federndem Boden wie z. B. auf Waldwegen

C Auf steinigem Boden wie z. B. auf Kieswegen

2. Wie verhält man sich richtig, wenn man mit dem Pferd in ein Gewitter gerät?

A Man sollte in Bewegung bleiben, nicht über freie Felder reiten und einzeln stehende Bäume und Wasserstellen meiden.

B Man sollte sich mit dem Pferd unter den nächstbesten Baum stellen.

C Man sollte das Pferd an einem Baum festbinden und sich möglichst weit vom Pferd entfernen, weil die Metallteile an der Pferdeausrüstung Blitze anziehen können.

3. Wo darf man im Gelände auf keinen Fall reiten?

A Auf Verkehrsstraßen

B Über landwirtschaftlich genutzte Flächen

C Über abgemähte Stoppelfelder

4. Worauf deutet es hin, wenn ein Pferd beim Durchqueren eines Flusses mit den Hufen scharrt?

A Das Pferd möchte sich möglicherweise hinlegen.

B Das Pferd möchte sich aufwärmen, weil das Wasser so kalt ist.

C Das Pferd möchte seinen Reiter nass spritzen.

5. Wie nennt man ein Pferd, das mit dem Straßenverkehr vertraut ist?

A Das Pferd ist straßenfromm.

B Das Pferd ist verkehrssicher.

C Das Pferd ist autotauglich.

6. Welchen Ausrüstungsgegenstand benutzt man normalerweise nicht fürs Geländereiten?

A Gamaschen

B Martingal

C Ausbindezügel

Zwölf Gebote für das Reiten im Gelände

Von der Deutschen Reiterlichen Vereinigung (FN) stammen folgende zwölf Regeln für das Reiten im Gelände*:

1. Verschaffe deinem Pferd täglich ausreichend Bewegung!
2. Gewöhne dein Pferd behutsam an den Straßenverkehr und das Gelände!
3. Vereinbare alle Ausritte mit Freunden – in der Gruppe macht es mehr Spaß und ist sicherer!
4. Sorge für ausreichenden Versicherungsschutz für dich und das Pferd; verzichte beim Ausritt nie auf den bruch- und splittersicheren Reithelm mit Drei-/Vierpunktbefestigung!
5. Kontrolliere täglich den Zustand von Zaumzeug und Sattel!
6. Informiere dich über die gesetzlichen Regelungen für das Reiten in Feld und Wald in deiner Region!
7. Reite nur auf Wegen und Straßen, niemals querfeldein und meide ausgewiesene Fuß-, Wander- und Radwege!
8. Verzichte auf einen Ausritt oder nimm Umwege in Kauf, wenn Wege durch Regenfälle weich geworden sind!
9. Begegne Fußgängern, Radfahrern und Kraftfahrzeugen nur im Schritt und sei freundlich und hilfsbereit zu allen!
10. Melde unaufgefordert Schäden, die einmal entstehen können, und regele entsprechenden Schadensersatz!
11. Spreche mit Reitkollegen, die gegen diese Regeln verstoßen!
12. Du bist Gast in der Natur, und dein Pferd bereichert die Landschaft, wenn du dich korrekt verhältst!

(*leicht gekürzte Fassung)

Auflösung zum Test „Wie sicher bist du im Gelände?" (S. 22/23)

Zähle deine Punkte zusammen:

Frage	1	2	3	4	5	6
U	4	2	4	5	5	1
UU	3	3	2	3	1	3
UUU	1	5	1	2	3	5

Gesamtpunktzahl: ....

8–13 Punkte:

Deine Stärken:
Dir ist klar, dass Geländeritte hohe Anforderungen an Pferd und Reiter stellen. Deshalb bist du sehr vorsichtig und gehst keine unwägbaren Risiken ein.

Deine Schwächen:
Manchmal benimmst du dich deinem Pferd gegenüber so, wie es auch ein rangniedriger Artgenosse tun würde.

Empfehlung:
Um deine Angst zu verringern, solltest du anfangs nur sehr ruhige Pferde reiten. Sinnvoll wären z. B. auch Ausritte, bei denen ein erfahrener Erwachsener dein Pferd als Handpferd mitführt. Das gibt dir Sicherheit und bald auch mehr Selbstvertrauen.

14–19 Punkte:

Deine Stärken:
Du kannst Pferde und ihre Reaktionen gut einschätzen und verhältst dich in kritischen Situationen meistens genau richtig.

Deine Schwächen:
Oft entscheidest du nicht sofort, ob du forsch weiterreiten oder deinem Pferd lieber Zeit zum Nachdenken geben willst. Dadurch machst du es dem Pferd schwer, sich auf dich zu verlassen.

Empfehlung:
Versuche deinem Gefühl für Pferde zu trauen! Instinktiv handelst du richtig – und wenn du dir nicht selbst im Weg stehst, kannst du mit deinem Pferd ein sicheres Geländeteam werden.

20–28 Punkte:

Deine Stärken:
Du kennst dich gut mit Pferden aus und bist mutig. Deshalb bringen Pferde dir wahrscheinlich Respekt entgegen.

Deine Schwächen:
Manchmal neigst du zu waghalsigen Aktionen, die dich und dein Pferd in Gefahr bringen können.

Empfehlung:
Lass deinem Pferd etwas mehr Freiheiten – wobei es dir natürlich nicht auf der Nase herumtanzen darf. Wenn du es aber im Gelände z. B. auch mal herumschauen lässt, ist es weniger schreckhaft.

Auflösung zum Quiz „Einmaleins des Geländereitens" (S. 28/29)

Diese Antworten sind richtig:
1 B, 2 A, 3 B, 4 A, 5 B, 6 C.

Spiel und Spaß mit Pferden

Trailhindernisse und Reiterspiele sorgen für Abwechslung – und sie fördern den Gehorsam der Pferde ...

„Seit wir auf dem Reitplatz ein paar Trailhindernisse aufgebaut haben, sind unsere Pferde auch im Gelände viel gelassener." (Kathi, 15)

„Auf meinem Ferienreiterhof finden jede Woche Ponyspiele statt. Beim Würstchenschnappen hat mein Pferd mir mal die Wurst weggefressen!" (Inge, 12)

„Ich finde Slalomrennen toll, weil man da voll auf Tempo reitet und keinen Zentimeter verschenken darf." (Mary, 14)

„Am liebsten mag ich Reiterspiele, bei denen es vor allem um die Geschicklichkeit geht." (Steffi, 13)

Echte Freundinnen

„Schneller, Sara! Los – du schaffst es!“ Begeistert feuerte Anne ihre Freundin Sara an, die mit dem Ponywallach Joe in atemberaubendem Tempo zwischen den Slalomfähnchen auf dem Reitplatz hindurchfegte. Jetzt ließ Sara das letzte Fähnchen hinter sich und jagte über die Ziellinie.

„Das war spitze!“, rief Anne nach einem Blick auf die Stoppuhr. „Also, wenn ihr am Sonntag auch nur halb so schnell seid wie heute, steht eurem Sieg nichts mehr im Weg!“

„Super“, gab Sara atemlos zurück und klopfte Joes kräftigen, grauen Hals. Der Wallach schnaubte zufrieden.

„Wenn ich Joe versorgt habe, schauen wir mal, wie gut ihr heute im Stangenlabyrinth seid“, erklärte Sara grinsend und ritt vom Platz.

Während sie Joe trockenritt, dachte sie an den nächsten Sonntag. Da würde im benachbarten Reitverein ein Freizeit-

Freizeitreiterturniere

Bei Freizeitreiterturnieren ist alles erlaubt, was Spaß macht und den Pferden nicht schadet, z. B. Geschicklichkeitsprüfungen (siehe Seite 37), Teamspiele, Hobbyrennen, Damensattelreiten, Gehorsamsübungen vom Sattel und vom Boden aus, Rallyes und vieles mehr. Der Fantasie der Veranstalter sind keine Grenzen gesetzt. Die Reitweise und das Alter der Reiter sind meist nicht festgelegt, für das Alter der Pferde gilt oft eine Untergrenze von fünf oder sechs Jahren. Wo in deiner Nähe solche Turniere stattfinden, erfährst du im Veranstaltungsteil von Pferdezeitschriften, im Internet, durch Anzeigen in Regionalzeitungen (Rubrik „Tiermarkt“) und Aushänge in Reitsportgeschäften.

Was Pferd und Reiter können müssen

Bevor du mit deinem (Pflege-) Pferd an Geschicklichkeitsprüfungen oder Reiterspielen teilnimmst, solltet ihr beide einiges können: Du musst in der Lage sein, dein Pferd gezielt (auch Schritt für Schritt) vorwärts und rückwärts zu steuern und es aus jeder Gangart sofort durchzuparieren. Dein Pferd sollte sich ohne Widerstand von seinen Artgenossen wegreiten lassen und möglichst unerschrocken sein. Vor allem für Slalomrennen und Reiterspiele ist es auch wichtig, dass Pferd und Reiter gut ausbalanciert sind.

reiterturnier mit Reiterspielen, Geschicklichkeitsparcours und Slalomrennen stattfinden. Klar, dass Sara und ihre Freundinnen Anne, Lena und Carmen schon ganz schön aufgeregt waren!

Stangen-Aufgaben

Als Sara kurz darauf ohne Joe zum Reitplatz zurückkehrte, hatten die anderen die Slalomstrecke abgebaut und stattdessen bunt gestrichene Holzstangen in Form eines Labyrinths auf den Boden gelegt. Die Aufgabe bestand darin, die Pferde erst vorwärts und dann rückwärts zwischen den Stangen hindurch zu dirigieren, sodass sie mit keinem Huf aus der Spur traten. An dieser Prüfung nahm Sara nicht teil, weil ihr Joe für solche Geduldsaufgaben viel zu hibbelig war. Er musste noch lernen, ruhig und geduldig einen Huf vor den anderen zu setzen.

Übung muss sein

Carmen ritt als Erste ins Labyrinth, und ihr Pferd Ginger meisterte die Aufgabe konzentriert und fehlerlos. Auch Lenas Stute Sumara schritt bedächtig und vorsichtig durch die Stangengasse und passte genau auf, dass sie mit den Hufen ja nicht gegen die Stangen stieß. Nur Annes Tinkerwallach Henry trat zweimal aus der Spur, sodass die Stangen verrutschten.

Nachdem Anne noch zweimal vorwärts und rückwärts durch das Labyrinth gesteuert war und Henry schließlich genau aufgepasst hatte, waren alle zufrieden. Eigentlich konnte beim Turnier am Sonntag nicht viel schief gehen ...

PRAXISTIPP

So macht´s auch den Pferden Spaß

Bei Geschicklichkeitsübungen und Reiterspielen muss sich dein Pferd stark konzentrieren und dir vertrauen. Damit es mit Freude bei der Sache bleibt, solltest du das Pferd beim Training für jeden klitzekleinen Fortschritt loben. Denn wenn es weiß, was es richtig gemacht hat, lernt es gerne weiter. Achtest du dagegen ständig nur darauf, was das Pferd noch nicht so gut kann, dann wird dein Vierbeiner irgendwann sauer – und das zu Recht ...

Jetzt geht's los!

Am Sonntag waren die Freundinnen schon früh im Stall und putzten ihre Pferde auf Hochglanz. Die Arbeit lohnte sich: Als sie zum Reitverein aufbrachen, schimmerte das Fell von Joe, Sumara, Ginger und Henry makellos in der Morgensonne.

Auf dem Hof des Reitvereins herrschte reges Treiben: Pferde wurden aus Transportern geführt, aufgeregte Reiterinnen liefen hin und her, und das Poltern von Hufen und vereinzeltes Wiehern sorgten für eine kribbelig-aufgeregte Atmosphäre.

„Ich schaue mal nach, wann wir an der Reihe sind!“, sagte Carmen und drückte Anne die Zügel von Ginger in die Hand. Kurz darauf kam sie atemlos zurück und verkündete: „Das Geschicklichkeitsreiten ist die erste Prüfung! Anne hat die Startnummer eins, ich die vier und Lena die sechs.“ Carmen warf einen nervösen Blick auf

ihre Armbanduhr und sagte: „Um zehn Uhr geht's los!" Sara suchte sich mit Joe einen guten Platz am Rand des Geschicklichkeitsparcours. Dann begann sie ihren Freundinnen fest die Daumen zu drücken ...

Ein übler Zwischenfall

Es dauerte nicht lange, bis das Startsignal ertönte und Anne auf Henry in den Parcours ritt. Behutsam dirigierte sie den kräftigen Tinker über die Brücke, wobei der Wallach vorschriftsgemäß den Kopf senkte und das Hindernis aufmerksam betrachtete, bevor er ge-

Geschicklichkeits- und Gelassenheitstraining

Die meisten Geschicklichkeitshindernisse stammen aus der Westernreitweise, und zwar aus der Disziplin „Trail". In Trail- oder Geschicklichkeitsprüfungen werden typische Geländesituationen nachgestellt: Die Pferde müssen z. B. über schmale Holzbrücken, Wippen und Plastikplanen gehen oder sich durch flatternde Bändervorhänge und Stangenhindernisse dirigieren lassen. Bewertet wird dabei neben der Gelassenheit auch die Aufmerksamkeit der Pferde: Die Vierbeiner sollen jedes Hindernis mit gesenktem Kopf betrachten, bevor sie sich darüber wagen.

lassen darüber stiefelte. Das nächste Hindernis war schon das Stangenlabyrinth, mit dem Henry etwas auf Kriegsfuß stand. Sara hielt die Luft an - doch der Wallach meisterte auch diese Übung ohne Fehler. Nun war die Wippe an der Reihe - ein Klacks für Henry und Anne, dachte Sara.

Aber plötzlich geschah etwas Unerwartetes: Henry hatte die Holzwippe gerade betreten, als er vor irgendetwas am Rand des Turnierplatzes scheute. Er machte einen erschrockenen Satz, und sein linker Vorderhuf rutschte seitlich unter die Wippe. Gleichzeitig verlagerte der Tinker sein Gewicht nach vorne und klemmte seinen eigenen Vorderhuf unter der Wippe ein!

Jetzt bekam Henry es mit der Angst zu tun. Verzweifelt versuchte der Tinker sich zu befreien.

Anne ließ sich blitzschnell aus dem Sattel gleiten - aber zu spät: Der Wallach riss den eingeklemmten Vorderhuf mit Gewalt unter der Wippe heraus, sodass das Holz splitterte. Ein erschrockener Aufschrei ging durchs Publikum.

Henry bot einen üblen Anblick: Sein linker Vorderhuf war blutüberströmt, und er humpelte mühsam vorwärts.

PRAXISTIPP

Sichere Trailhindernisse

Einige Trailhindernisse kannst du mit deinen Freundinnen selbst bauen – aber bitte achtet darauf, dass die Pferde nirgendwo hängen bleiben oder sich verletzen können! Unter den Bretterboden für Brücke und Wippe müssen mindestens 8 cm dicke Kanthölzer geschraubt werden, und eine am Boden liegende Plastikplane muss an allen Seiten mit mehreren schweren Gegenständen (z. B. Ziegelsteinen) gesichert werden. Sonst besteht die Gefahr, dass die Plane vom Wind hochgeweht wird – und das könnte die Pferde in Panik versetzen!

Armer Henry!

Aus dem Lautsprecher ertönte die Stimme des Ansagers: „Sehr geehrtes Publikum, wegen eines verletzten Pferdes verzögern sich

die nächsten Starts in der Geschicklichkeitsprüfung. Vielen Dank für Ihr Verständnis."
Saras Hände krampften sich um Joes Zügel. So schnell sie konnte, bahnte sie sich mit ihrem Pony im Schlepptau einen Weg durch die Menge. Am Rand des Abreiteplatzes stand Lena mit Ginger und Sumara am Zügel.
„Carmen ist bei Anne und Henry", sagte Lena mit bebender Stimme, und eine Träne blitzte in ihrem Augenwinkel. „Hoffentlich ist Henry nicht schlimm verletzt!"

Glück im Unglück?

Kurz darauf rollte ein Transporter mit Henry zur nahe gelegenen Pferdeklinik. Auf dem Turnier ging die Geschicklichkeitsprüfung ganz normal weiter – allerdings ohne Wippe, denn die hatten die Veranstalter sofort aus dem Parcours entfernt.
Für Sara, Carmen und Lena war klar, dass sie so schnell wie möglich zu Anne und Henry in die Klinik fahren wollten. Eilig brachten sie ihre Pferde auf den heimischen Kastanienhof und fuhren mit den Fahrrädern zur Pferdeklinik.
Dort trafen sie auf eine blasse, aber gefasste Anne. „Henry hat sich die Sehne gezerrt", berichtete sie. „Er braucht sechs Monate Boxenruhe, um wieder gesund zu werden."
Die Freundinnen sahen sich betroffen an. Sechs Monate!
„Du Arme", meinte Sara mitfühlend und legte den Arm um Annes Schultern.
Doch Anne sagte leise: „Hauptsache, Henry wird wieder ganz gesund!"

Knapp bei Kasse

Der Tinker durfte schon bald in eine Box auf dem Kastanienhof umziehen. Um ihm die Langeweile zu vertreiben, brachten die Mädchen ihm jeden Tag frische Birkenzweige zum Knabbern, und Anne putzte Henry ausgiebig.
Der Schecke ertrug sein Schicksal mit bewundernswerter Geduld, und allmählich erholte er sich. Aber Annes Stimmung blieb trotzdem im Keller, denn sie war restlos pleite! Sie musste Henrys Unterhalt und die Tierarztrechnungen selbst bezahlen –

und allein die Rechnung der Pferdeklinik betrug schon 800 €. Viele Nächte lang wälzte Anne sich schlaflos im Bett herum und malte sich aus, dass sie ihren geliebten Henry womöglich nicht behalten konnte. Denn eines war sicher: Wenn nicht bald ein Wunder geschah, konnte Anne die Tierarztrechnungen nicht mehr bezahlen. Und was dann?!

Eine geniale Idee

„Ich weiß nicht, was ich machen soll“, seufzte Anne eines Abends, als die Freundinnen im Reiterstübchen saßen. „Ich habe alle Ersparnisse aufgebraucht, und dabei hat der Tierarzt die Nachbehandlungen noch gar nicht in Rechnung gestellt.“
Carmen schaute die Freundin nachdenklich an. Dann sprang sie plötzlich auf und rief: „Ich habe eine Idee! Übernächstes Wochenende ist im Nachbarort ein großes Freizeitturnier. Wenn wir mitmachen und die Hauptgewinne einheimsen, könnten wir davon die Tierarztrechnungen bezahlen.“
Die Freundinnen sahen sie erstaunt an.
„Aber auf Freizeitturnieren gibt es doch meistens nur Sachpreise zu gewinnen“, wandte Lena ein. „Was sollen wir denn mit Pferdedecken und Steigbügeln und Pferdeputzzeug?“
„Wir könnten die Sachen im Internet versteigern“, erklärte Carmen eifrig. „Mein Bruder hat neulich seine ganze Motorradausrüstung online verkauft. Und ratet mal, wie viel er dafür bekommen hat?“
„Keine Ahnung“, meinte Sara und zuckte mit den Schultern.
„450 €!“, rief Carmen triumphierend.
„Waaaas? So viel?“ Auf einmal waren die Freundinnen Feuer und Flamme.

Unerwarteter Geldsegen

„Ich habe noch ein Paar alte Reitstiefel im Keller“, fiel Lena plötzlich ein. „Außerdem kann ich eine Reithose beisteuern, die mir nicht mehr passt.“
„Ich könnte das Gummigebiss verkaufen, das ich sowieso nie benutze“, überlegte Sara laut. „Und das Martingal, das schon seit ewigen Zeiten unbenutzt in der Sattelkammer herumliegt ...“

Turnierschleifen für stolze Sieger

Wenn ihr selbst ein Freizeitreiterturnier veranstaltet, könnt ihr die Sieger und Platzierten mit Turnierschleifen auszeichnen. Dadurch wird die Siegerehrung richtig feierlich! Im Fachhandel kann man Turnierschleifen für etwa 1 bis 3 € pro Stück kaufen. Auf offiziellen Turnieren gibt es für jede Platzierung eine bestimmte Schleifenfarbe:

1. Platz: gold

2. Platz: silber

3. Platz: weiß

4. Platz: blau

5. Platz: rot

6. und weitere Plätze: grün

Ob ihr diese Schleifenfarben übernehmt, bleibt natürlich euch überlassen.

„Na also!" Carmen rieb sich begeistert die Hände. „Am besten bringt jede von uns morgen die alten Reitsachen mit, die sie nicht mehr braucht. Dann bitte ich meinen Bruder, die Sachen für uns im Internet zu versteigern. Das Geld, das wir damit verdienen, bekommt Anne für Henry. Einverstanden?"

Die Freundinnen nickten zustimmend.

„Und wenn sich die Sache lohnt, dann starten wir außerdem auf Turnieren und versteigern die Preise", fuhr Carmen energisch fort.

Tatsächlich brachten die Internetauktionen mehr Geld ein als erwartet: Carmens Bruder versteigerte die paar ausgedienten Reitklamotten und Ausrüstungsteile für insgesamt 250 €!

Wer gewinnt?

Bei den meisten Reiterspielen und bei Slalomrennen lässt sich der Sieger leicht ermitteln: Wer die gestellte Aufgabe in der kürzesten Zeit meistert, hat gewonnen!

Schwieriger ist die Bewertung von Geschicklichkeitsprüfungen und solchen Spielen, bei denen auch der Stil von Pferd und Reiter beurteilt wird.

Damit die Entscheidung der Richter gerecht und für alle Teilnehmer und Zuschauer nachvollziehbar ist, sollten die Bewertungskriterien vorher festgelegt werden. So können für jeden Stilfehler (z. B. Reiter reißt das Pferd im Maul, Pferd bleibt nicht ruhig stehen oder weigert sich beim ersten Anlauf, eine Aufgabe auszuführen) beispielsweise zehn oder zwanzig Strafsekunden abgezogen werden.

Manche Veranstalter bewerten auch den Ernährungs- und Pflegezustand des Pferdes sowie die Passform der Ausrüstung mit. Auch hier müssen nachvollziehbare Kriterien festgelegt werden!

Bei reinen Trailprüfungen ist es am sinnvollsten, nur die harmonische und aufmerksame Bewältigung aller Hindernisse zu werten und die Geschwindigkeit nicht zu berücksichtigen. Schließlich geht es hier um die Gelassenheit des Pferdes und nicht ums Tempo!

Jetzt waren die Freundinnen nicht mehr zu bremsen: Sofort meldeten sie sich für das Turnier an, das am nächsten Wochenende im Nachbarort stattfinden sollte.

Ein guter Start

Als sie am Samstag vor dem Start über den Turnierplatz schlenderten, war Carmen in Hochstimmung. „Seht euch das an!“, rief sie begeistert und schleppte die anderen zu dem Tisch mit den Gewinnen. „Hier gibt es sogar einen Sattel zu gewinnen! Wäre doch gelacht, wenn wir den nicht abräumen könnten ...“

Um Stangen und Tonnen ...

Slalomrennen stellen hohe Anforderungen an Pferd und Reiter: Für die rasch wechselnde Biegung nach links und rechts muss das Pferd gut gymnastiziert sein und willig auf die Reiterhilfen reagieren. Der Reiter sollte sehr gut ausbalanciert sein und geschmeidig im Sattel sitzen.

Am besten übt man den Slalom erst im Schritt und später im Trab. Im Galopp sind Slalomrennen eine rasante Angelegenheit: Dabei muss das Pferd vor jeder Richtungsänderung einen fliegenden Galoppwechsel hinlegen – und das ist nur was für Könner!

„Dafür muss aber jede von uns super abschneiden", gab Lena zu bedenken. „Soviel ich weiß, wird der Hauptgewinn an das beste Stallteam vergeben." Nervös knabberte sie an ihren Fingernägeln.
„Mach dir keine Sorgen", sagte Anne und lächelte Lena aufmunternd an. „Wenn es mit dem Hauptgewinn nicht klappt, geht die Welt auch nicht unter."
Doch es fing gut an: In der Trailprüfung brachten Carmen und Ginger alle Hindernisse in schöner Manier und fehlerfrei hinter sich, und auch Lena und Sumara machten ihre Sache gut.
„Super!", rief Anne strahlend, als die Wertnoten bekannt gegeben wurden. „Carmen ist auf dem ersten Platz gelandet und Lena auf dem vierten! Wenn Sara jetzt noch beim Fahnenslalom gewinnt, haben wir echte Chancen auf den Hauptgewinn!"

Joe schlägt alle

Sara gab sich alle Mühe, die Erwartungen ihrer Freundinnen nicht zu enttäuschen. Und sie schaffte es: Joe fegte in gefährlicher Schräglage um die Fähnchen, ohne auch nur eines davon zu streifen – und brach seinen eigenen Rekord!
„Super, Joe!", jubelte Sara. Sie hatten das Slalomrennen gewonnen!
Als das Gesamtergebnis bekannt gegeben wurde, stockte den Freundinnen der Atem: Zwei Teams waren punktgleich auf dem ersten Platz gelandet – ein Team vom benachbarten Reitverein und sie selbst!
Jubelnd fielen sich die Freundinnen in die Arme.
„Nur schade, dass wir den Hauptgewinn nicht kriegen", meinte Carmen bedauernd. „Einen Sattel kann man ja schlecht auf zwei Teams verteilen, oder?"

Eine großzügige Geste

Doch bei der Siegerehrung erlebten die Freundinnen eine Überraschung: Ihre Konkurrentinnen vom Reitverein verzichteten freiwillig auf ihren Anteil am Hauptgewinn!
„Es tut uns Leid, dass euer Tinker sich neulich auf unserem Turnier so verletzt hat", erklärte eines der Mädchen

und lächelte verlegen. „Bitte nehmt den Sattel und sagt dem Tinker gute Besserung von uns."
Sara starrte das Mädchen mit offenem Mund an. „Vielen Dank!", erwiderte sie schließlich. „Das ist wirklich großzügig von euch!"

Henry darf bleiben

Einige Tage später versteigerten die Freundinnen den gewonnenen Sattel im Internet – und bekamen tatsächlich 1.000 € dafür.
Anne konnte ihr Glück kaum fassen. „Ihr seid die besten Freundinnen der Welt!", rief sie und versuchte Sara, Carmen und Lena gleichzeitig zu umarmen. „Ihr habt Henry das Leben gerettet!"
Dann stürzte sie in Henrys Box, schlang zärtlich beide Arme um seinen Hals und drückte ihr Gesicht in das seidenweiche Fell des Tinkers.
„Die erste Hürde haben wir geschafft, Dicker", sagte Anne leise. „Jetzt musst du nur noch gesund werden!"

TEST

Welche Spiele passen zu dir?

Kreuze jeweils die am ehesten auf dich zutreffende Antwort an. Die Auflösung findest du auf Seite 55.

1. Stell dir vor, du sitzt nichts ahnend auf deinem (Lieblings-) Pferd, als es sich plötzlich aufregt und herumtänzelt. Was geht in dir vor?

U Ich denke mir nichts weiter dabei und warte einfach ab, bis sich das Pferd wieder beruhigt hat.

UU Ich bekomme Angst und steige vorsichtshalber ab.

UUU Ich finde es schick, wenn mein Pferd sich so aufführt. Deshalb nehme ich die Zügel kurz und kitzele es mit meinen Absätzen – dann sieht es gleich noch wilder aus.

2. Hand aufs Herz: Würdest du dich aus Spaß darauf einlassen, z. B. unter dem Bauch eines stehenden Pferdes hindurchzukriechen?

U Nein, das wäre mir viel zu gefährlich.

UU Na klar – warum nicht?

UUU Das hängt ganz vom Pferd ab – wenn ich das Pferd sehr gut kennen würde, hätte ich keine Bedenken.

3. Angenommen, du wärst bis über beide Ohren in einen Jungen verliebt: Welche Anmach-Strategie passt am ehesten zu dir?

U Ich schicke meine Freundin vor, damit sie herausfindet, ob der Junge auch auf mich steht. Wenn ja, lade ich ihn zu meiner Geburtstagsfete ein.

UU Ich versuche mich so oft wie möglich „zufällig" in seiner Nähe aufzuhalten und warte, bis er mich anspricht.

UUU Ich frage ihn per SMS, ob er Lust hat, mit mir ins Kino zu gehen.

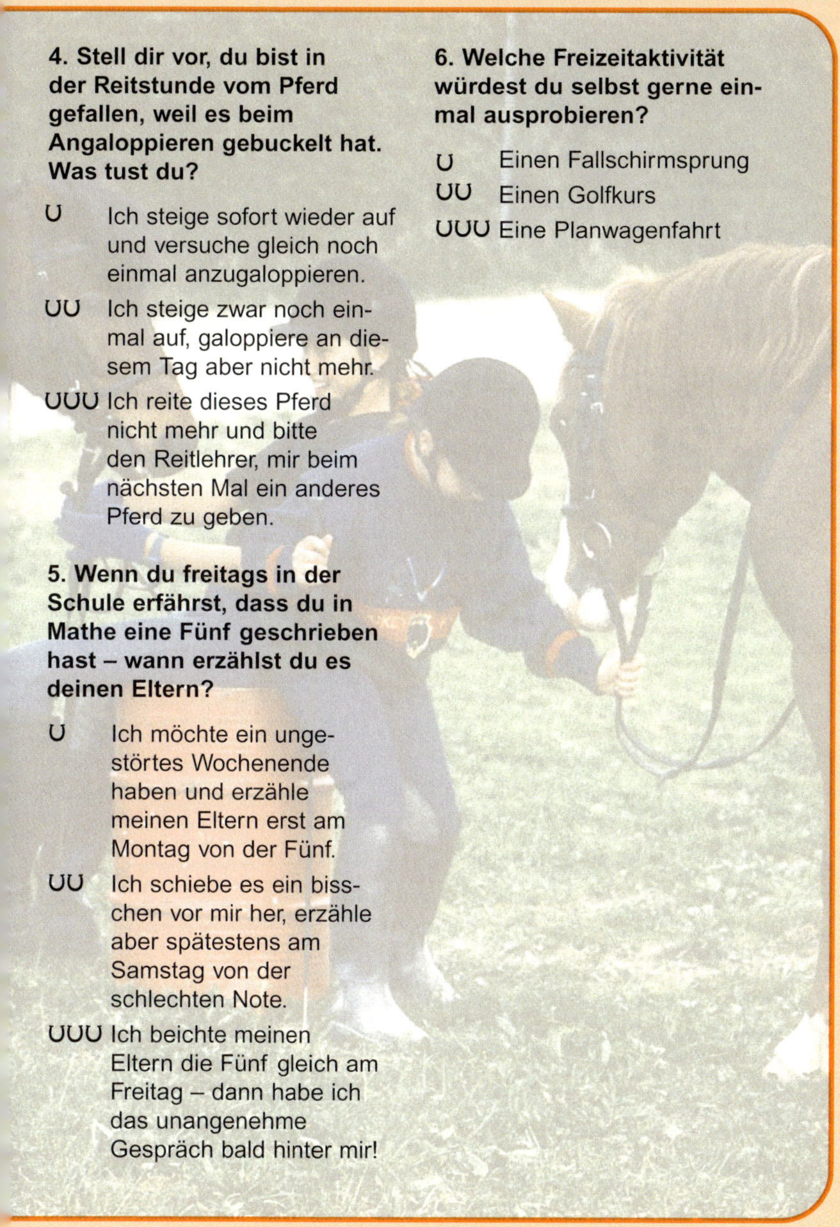

4. Stell dir vor, du bist in der Reitstunde vom Pferd gefallen, weil es beim Angaloppieren gebuckelt hat. Was tust du?

U Ich steige sofort wieder auf und versuche gleich noch einmal anzugaloppieren.

UU Ich steige zwar noch einmal auf, galoppiere an diesem Tag aber nicht mehr.

UUU Ich reite dieses Pferd nicht mehr und bitte den Reitlehrer, mir beim nächsten Mal ein anderes Pferd zu geben.

5. Wenn du freitags in der Schule erfährst, dass du in Mathe eine Fünf geschrieben hast – wann erzählst du es deinen Eltern?

U Ich möchte ein ungestörtes Wochenende haben und erzähle meinen Eltern erst am Montag von der Fünf.

UU Ich schiebe es ein bisschen vor mir her, erzähle aber spätestens am Samstag von der schlechten Note.

UUU Ich beichte meinen Eltern die Fünf gleich am Freitag – dann habe ich das unangenehme Gespräch bald hinter mir!

6. Welche Freizeitaktivität würdest du selbst gerne einmal ausprobieren?

U Einen Fallschirmsprung

UU Einen Golfkurs

UUU Eine Planwagenfahrt

Spiele mit Pferden

Die Spiele auf diesen Seiten kannst du nach Lust und Laune abwandeln. Hauptsache, sie machen Spaß!

Ball-Lauf

Bei diesem Spiel reiten die Teilnehmer einzeln von der Startlinie bis zu einem Wendepunkt, an dem z. B. auf einer Tonne oder einem Strohballen ein Tennisschläger und ein Tennisball liegen. Auf dem Rückweg zur Startlinie (die gleichzeitig Ziellinie ist) muss der Ball auf dem Tennisschläger balanciert werden. Sieger ist der Reiter, der den Ball in der kürzesten Zeit ins Ziel bringt.
Tipp: Statt Tennisschläger und Ball kann man auch eine Kartoffel auf einem Esslöffel balancieren. Könner beherrschen die Übung sogar mit rohen Eiern ...

Reise nach Jerusalem

Dieses Spiel kennst du bestimmt von Kindergeburtstagen: Auf dem Spieleparcours stehen Sitzgelegenheiten wie z. B. Tonnen

oder Strohballen. Es muss genau eine Sitzgelegenheit weniger sein, als Reiter teilnehmen.
Jetzt reiten die Teilnehmer nach Anleitung des Spielleiters im Schritt oder Trab um die Sitze herum. Wenn der Spielleiter auf seiner Trillerpfeife pfeift, parieren die Reiter schnellstmöglich durch, steigen ab und versuchen eine Sitzgelegenheit zu ergattern. Dabei bleibt in jeder Runde einer übrig und scheidet aus. Bevor es weitergeht, entfernt der Spielleiter jedes Mal eine Sitzgelegenheit. Am Schluss sind nur noch zwei Reiter übrig. Wer als Erster die letzte Sitzgelegenheit ergattert, hat gewonnen.

Sackhüpfen

Jeder Teilnehmer reitet einzeln zum Wendepunkt, wo ein Jutesack für ihn bereitliegt. Der Reiter steigt ab, zieht sich den Sack bis zu den Hüften über die Beine und hüpft mit dem Pferd am Zügel zur Start-/Ziellinie zurück. Sieger ist, wer die Aufgabe in der kürzesten Zeit bewältigt.

Apfel angeln

Auch bei diesem Spiel reitet jeder Teilnehmer einzeln zum Wendepunkt. Dort steigt er ab, drückt einem Helfer die Zügel seines Pferdes in die Hand und muss mit dem Mund einen Apfel aus einer Schüssel fischen, ohne die Hände zu Hilfe zu nehmen. Wenn er einmal abgebissen hat, darf er sich wieder in den Sattel schwingen und so flott wie möglich zur Start-/Ziellinie zurückreiten. Wer das am schnellsten schafft, hat gewonnen.
Tipp: Der Apfel muss für jeden Teilnehmer erneuert werden. Man kann aber auch Würstchen an einer Wäscheleine aufhängen oder Schaumküsse auf Teller legen.

Blindekuh

Dieses Spiel eignet sich auch für Teilnehmer, die noch nicht so gut reiten können. So geht's: Alle teilnehmenden Pferde tragen Halfter und werden von verschiedenen Helfern am Führstrick gehalten.
Jetzt verbindet der Spielleiter einem Teilnehmer die Augen, dreht ihn ein paarmal um sich selbst und führt ihn dann zu einem Pferd. Die Aufgabe besteht darin, durch Abtasten heraus-

zufinden, um welches Pferd es sich handelt. Auch hier zählt die Zeit: Wer am schnellsten richtig geraten hat, ist der Sieger. Achtung: Bitte nicht mit frei laufenden Pferden Blindekuh spielen – das ist zu gefährlich!

QUIZ

Rund um die Reiterhilfen

Kreuze die richtigen Antworten an.
Die Auflösung findest du auf Seite 55.

1. Wie nennt man in der Fachsprache das Verkürzen der Zügel durch Eindrehen der Handgelenke?

A Bremsende Hilfe

B Annehmende Hilfe

C Verwahrende Hilfe

2. Woran muss der Reiter denken, wenn er den Pferdekopf mit dem rechten Zügel nach rechts stellt?

A Er muss gleichzeitig auch den linken Zügel annehmen.

B Er muss gleichzeitig mit dem linken Zügel nachgeben.

C Er darf die Länge des linken Zügels nicht verändern.

3. Wie kann der Reiter verhindern, dass das Pferd beim Rückwärtstreten seitlich ausweicht?

A Indem er so stark an den Zügeln zieht, dass das Pferd auf keine dummen Gedanken kommt.

B Indem er abwechselnd links und rechts an den Zügeln zieht, um das Pferd gerade zu halten.

C Indem er seine Unterschenkel verwahrend etwas hinter dem Sattelgurt an den Pferdekörper legt und das Pferd so gerade hält.

4. Worauf muss der Reiter nach dem Aufsitzen achten?

A Dass das Pferd sofort losgeht.

B Dass das Pferd erst losgeht, wenn der Reiter ihm die Hilfen dazu gibt.

C Dass das Pferd von Anfang an am Zügel geht.

5. Was drückt ein Pferd aus, das ständig mit dem Kopf schlägt?

A Es fühlt sich unbehaglich.

B Es drückt seine Zustimmung zu den Hilfen des Reiters aus.

C Das ist eine Unterwürfigkeitsgeste.

6. Wie sollte der Reiter beim Slalomreiten sein Gewicht verlagern?

A In der Biegung sollte der äußere Gesäßknochen stärker belastet werden als der innere.

B In der Biegung sollten beide Gesäßknochen gleich belastet werden.

C In der Biegung sollte der innere Gesäßknochen stärker belastet werden als der äußere.

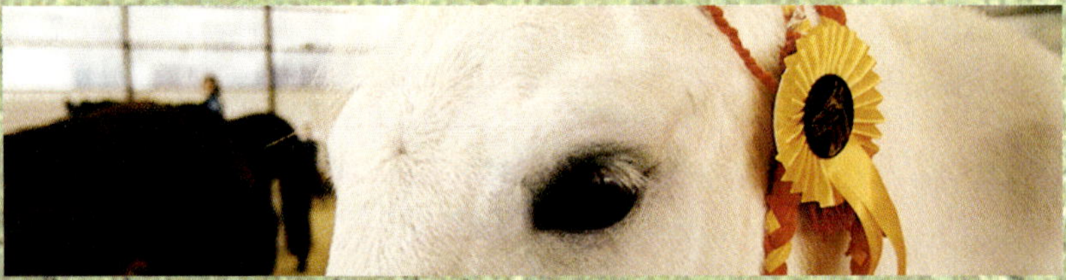

Preise und Trostpreise

Wenn du mit deinen Freundinnen selbst ein Freizeitreiterturnier veranstalten möchtest, braucht ihr für die Gewinner natürlich auch Preise. Hier sind ein paar Vorschläge für Preise, die nicht viel Geld kosten und über die sich jeder Reiter freut.

- Fragt doch mal beim Futtermittelhändler in eurer Nähe nach, ob er euch mit einem Sack Futter oder wenigstens mit einer Tüte Leckerli unterstützt. Als Gegenleistung erwähnt ihr seinen Namen bei der Preisverleihung – das ist für den Händler eine gute Werbung!
- Auch beim ortsansässigen Reitsportladen könnt ihr nach Preisen fragen. Hufauskratzer sind z. B. hervorragende Trostpreise.
- Etwas arbeitsaufwändiger sind Gutscheine, z. B. für einmal Sattelzeug putzen oder einmal Auslauf absammeln oder einmal Hof kehren – je nachdem, welche Aufgaben die Reiter bei euch im Stall gerne abwälzen.
- Gutscheine für selbst gemalte Boxenschilder sind bei jeder Siegerehrung beliebt: Am Tag nach dem Turnier bekommen die platzierten Teilnehmer bunt bemalte Holzschilder mit den Namen ihrer (Lieblings-)Pferde.
- Falls ihr etwas Geld aus der Vereinskasse zur Verfügung habt, eignen sich als gute und preiswerte Geschenke z. B. auch Fliegenfransen fürs Pferdehalfter, Reithandschuhe, Mähnengummis, Gerten – und natürlich Pferdebücher (am besten Schneiderbücher)!

Auflösung zum Test „Welche Spiele passen zu dir?" (S. 46/47)

Zähle deine Punkte zusammen:

Frage	1	2	3	4	5	6
U	2	4	3	1	4	1
UU	5	1	4	3	3	3
UUU	1	2	1	5	2	4

Gesamtpunktzahl: ....

7–12 Punkte:

Wann warst du das letzte Mal im Krankenhaus? Schon länger her? Dann hast du einen guten Schutzengel – denn Vorsicht ist für dich ein Fremdwort! Du liebst schnelles Tempo und hohes Risiko, und deshalb sind gemächliche Prüfungen wie z. B. Trailturniere nichts für dich. Bei rasanten Slalomrennen und fetzigen Reiterspielen bist du ganz in deinem Element.

13–19 Punkte:

Du bist mutig und ehrgeizig, ohne dabei waghalsig zu werden. Deshalb passen zu dir alle Arten von Spielen außer extrem schnellen Rennen. Weil du ein guter Kumpel bist, machen dir und deinen Freundinnen Teamspiele besonders viel Spaß. Oder du schlüpfst einmal in die Rolle der Turnierrichterin – das ist eine Herausforderung der ganz besonderen Art!

20–26 Punkte:

Du bist ein ängstlicher Typ und hast keine Freude an schnellen Ritten. Deshalb solltest du alle Arten von Rennen und schnellen Reiterspielen von deiner Spieleliste streichen. Konzentriere dich stattdessen lieber auf Trailhindernisse oder Gehorsamsübungen vom Boden aus – in diesen Disziplinen könntest du eine wahre Meisterin werden.

Auflösung zum Quiz „Rund um die Reiterhilfen" (S. 52/53)

Diese Antworten sind richtig:
1 B, 2 B, 3 C, 4 B, 5 A, 6 C.

Im Sattel durch den Sommer

Im Sommer machen Wanderritte besonders viel Spaß – aber du musst mit Gewittern und quälenden Insekten rechnen ...

„An heißen Tagen gibt es für mich nichts Schöneres, als mit meinem Pony durch den Fluss in unserer Nähe zu reiten. Tom liebt das Wasser – und ich auch!" (Andrea, 13)

„Wenn man auf einem Wanderritt Tag und Nacht mit dem Pferd zusammen ist, bekommt man eine besonders enge Verbindung zueinander." (Mona, 14)

„Eigentlich mag ich den Sommer – aber in unserer Gegend herrscht so eine Insektenplage, dass man von Juni bis August fast nicht reiten kann." (Laura, 12)

„In meiner Reitschule findet jeden Monat ein Mondscheinritt statt. Die Landschaft sieht wie verzaubert aus, wenn man unter dem Sternenhimmel reitet." (Elli, 13)

Mit Pferden unterwegs

„Was für ein herrlicher Ausblick!“ Atemlos blickte Jeanette zwischen den braunen Ohren ihres Wallachs Askan hindurch ins Tal hinunter. Vor ihnen lag eine Landschaft wie aus dem Bilderbuch: Braun-weiß gefleckte Kühe grasten auf saftigen Bergweiden, und dahinter funkelten die schneebedeckten Berggipfel wie Sahnehauben im Sonnenlicht.

„Es sieht aus wie im Märchen“, staunte auch Nadja, die neben Jeanette im Sattel ihrer Schimmelstute Fiona saß.

Die Freundinnen hatten sich seit Monaten auf den gemein-

Bergauf und bergab reiten

Beim Bergaufreiten nimmt der Reiter seinen Po aus dem Sattel und lehnt den Oberkörper nach vorne – je nach Steigung nur ein bisschen oder so stark, dass er fast auf dem Pferdehals liegt. Dadurch wird der Pferderücken entlastet, und das Pferd kann sich besser ausbalancieren. Bei sehr steilen Steigungen kannst du auch in die Pferdemähne greifen, um nicht versehentlich hinter der Bewegung des Pferdes zurückzubleiben.

Auch beim Bergabreiten geht der Reiter mit dem Gesäß leicht aus dem Sattel und neigt sich nach vorne. Nur bei extrem steilen Abhängen nimmt man den Oberkörper nach hinten. Am leichtesten tut sich dein Pferd allerdings, wenn du vor steilen Hängen absteigst und es führst.

samen Wanderritt gefreut – und jetzt wurden ihre Erwartungen sogar noch übertroffen. Ein leichter Wind spielte in den Mähnen der Pferde und trug den würzigen Geruch nach Holz und Harz vom nahe gelegenen Wald herüber. Die Freundinnen lächelten sich schweigend an. Es gab Augenblicke, in denen Worte nur stören würden ...

Dunkle Wolken

Nach einer Weile sagte Jeanette: „Es sieht nach Regen aus, findest du nicht auch?"

„Du hast Recht", meinte Nadja. „Lass uns weiterreiten. Ich habe keine Lust, mitsamt Gepäck nass zu werden. Wie weit ist es denn noch bis zum nächsten Quartier?"

Jeanette vertiefte sich in die Landkarte, dann erklärte sie: „Wir haben noch ungefähr zehn Kilometer Wegstrecke vor uns. Das kann bei diesem Gelände eine ganze Weile dauern."

Gefährlicher Abstieg

Der Abstieg ins Tal war mühsamer als erwartet: In schmalen Serpentinen schlängelte sich der Weg bergab und wurde allmählich zu einem winzigen, halb zugewucherten Trampelpfad. Mühsam bahnten sich Jeanette und Nadja mit ihren Pferden einen Weg durchs Dickicht, überquerten schmale Holzbrücken und stapften durch kleine Gebirgsbäche.

Vor einem besonders steilen Wegabschnitt hielt Jeanette an und meinte: „Wahrscheinlich ist es besser, wir führen die Pferde."

Die Freundinnen stiegen ab und banden die Steigbügel an den Sätteln hoch, sodass sie nirgendwo hängen bleiben konnten. Dann kletterten sie zu Fuß weiter in Richtung Tal.

Jeanette und Nadja richteten ihre ganze Aufmerksamkeit auf den Weg. Das Gelände war felsig und rutschig, sodass sie nur sehr langsam vorankamen. Erst als lautes Donnergrollen ertönte, fiel den Freundinnen auf, wie dunkel es auf einmal geworden war. Am Himmel waren riesige schwarze Gewitterwolken aufgezogen!

„Mist!", schimpfte Nadja. „Hoffentlich zieht das Unwetter an uns vorüber!"

Sommergewitter

Doch Nadjas Wunsch wurde nicht erfüllt. Schon zuckten ganz in ihrer Nähe Blitze auf, und dann öffnete der Himmel seine Schleusen: Wie ein riesiger Wasserschwall ergoss sich der Regen auf die Freundinnen und ihre Pferde. Ruck, zuck waren alle vier klatschnass.

PRAXISTIPP

Was tun bei Gewitter?

Keine Panik, wenn ihr unterwegs von einem Gewitter überrascht werdet! Am besten reitet bzw. führt ihr die Pferde zügig weiter und versucht einen Hof zu erreichen, auf dem ihr euch unterstellen könnt. Bitte nicht unter einzeln stehende Bäume stellen – hier ist die Gefahr eines Blitzeinschlages groß. Auch von Flüssen, Seen und freien Feldern solltet ihr euch fern halten. Sicherer seid ihr im Wald. Dort solltet ihr etwas Abstand voneinander halten, während ihr auf das Ende des Gewitters wartet.

„Was machen wir denn jetzt?“, rief Nadja.
Jeanette, die vorne ging, erwiderte: „Ich habe mal gelesen, dass man bei Gewittern nicht stehen bleiben ...“
Der Rest ihrer Worte wurde von einem ohrenbetäubenden Donnerschlag überdeckt.

Hoffnung muss sein

Jeanette rief: „Ich schaue mal in der Karte nach, ob in der Nähe irgendwo ein Hof ist!“
Sie fischte die Taschenlampe und die Landkarte aus ihrer Umhängetasche. In Sekundenbruchteilen verwandelte sich die Karte in einen nassen Lappen. Doch Jeanette suchte beharrlich den Punkt, an dem sie sich befanden.
„Einen knappen Kilometer von hier müsste ein Bauernhof am Waldrand liegen!“, rief sie, um das Tosen des Windes und die Donnerschläge zu übertönen. „Aber dafür müssen wir einen Umweg machen. Sollen wir's wagen?“
„Ja, auf jeden Fall!“, schrie Nadja zurück. Die Aussicht auf ein Dach über dem Kopf war so verlockend, dass sie dafür fast alles getan hätte ...

Reiten nach Karte und Kompass

Für Wanderritte eignen sich topographische Karten im Maßstab 1:25.000 am besten. Im Buchhandel kannst du solche Karten für fast jedes Gebiet in Deutschland, Österreich und der Schweiz bestellen. In topographischen Karten sind auch kleinere Feld- und Waldwege eingezeichnet, und die Höhenlinien erlauben eine genaue Einschätzung des Geländes.

Allerdings solltest du dich vor dem Ritt mit der Kartenlegende vertraut machen!

Außerdem ist es hilfreich, einen Kompass dabeizuhaben. Er kann wichtige Dienste leisten, falls du unterwegs einmal die Orientierung verlierst.

Wenn du den Kompass waagerecht hältst, zeigt die Nadel nach Norden. Jetzt drehst du die Landkarte so, dass ihre Oberkante (die Nordseite) genau in die gleiche Richtung zeigt wie die Kompassnadel. Auf diese Weise kannst du die Karte besser deuten und leichter herausfinden, wo du dich gerade befindest.

Zu später Stunde

Die Freundinnen hatten Glück: Als sie den Waldrand erreichten, zeichnete sich links von ihnen der Umriss eines Gebäudes gegen den dunklen Himmel ab.

„Sag mal, wie spät ist es eigentlich?“, erkundigte sich Jeanette.

PRAXISTIPP

Reiten bei Dunkelheit

Ein Vollmondritt ist etwas Wunderbares. Wenn man dagegen aus Versehen mit Pferden in die Dunkelheit gerät, ist es weniger schön.

Bei längeren Ausritten sollte jeder Reiter zwei Stiefelleuchten und einige reflektierende Klettbänder dabeihaben. Falls plötzlich Nebel aufkommt oder die Dämmerung hereinbricht, sorgen die Leuchten und Bänder dafür, dass Pferd und Reiter für andere Verkehrsteilnehmer gut sichtbar sind.

Bei Wanderritten sollte die Gruppe außerdem mindestens zwei starke Taschenlampen mitführen.

„Halb neun“, gab Nadja nach einem Blick auf ihre nasse Uhr zurück.

„Ist ja unglaublich“, meinte Jeanette kopfschüttelnd. „Hättest du gedacht, dass wir schon so lange bergab klettern?“

„Nein – aber der Regen hat mir sowieso jedes Zeitgefühl aus dem Hirn gewaschen“, erwiderte Nadja mit schiefem Grinsen. „Also, worauf warten wir noch?“ Energisch führte sie Fiona in Richtung des Gebäudes.

Doch Jeanette zögerte. „Da brennt ja überhaupt kein Licht“, meinte sie enttäuscht. „Sieht nicht so aus, als ob das Haus bewohnt wäre.“

„Ist doch egal“, entgegnete Nadja ungeduldig. „Hauptsache, wir können uns unterstellen.“

Hauptsache trocken!

Aus der Nähe betrachtet stellte sich rasch heraus, weshalb das Gebäude nicht beleuchtet war: Es war kein Wohnhaus, sondern eine alte Holzscheune!

„Was meinst du – sollen wir reinschauen?“, fragte Nadja.

„Ich weiß nicht“, meinte Jeanette zögernd. „Bestimmt

Die Ausrüstung fürs Wanderreiten

Manche Wanderreiter lassen sich ihr Gepäck von einem Begleitfahrzeug zum jeweils nächsten Nachtquartier bringen. So können Pferde und Reiter den Ritt unbeschwert genießen und auch mal schnellere Gangarten einlegen.

Viele Wanderreiter führen ihr Gepäck aber lieber selbst mit. Sie verstauen es in zwei seitlichen Hinterpacktaschen und einem Packsack, der so hinter dem Sattel festgebunden wird, dass er nicht auf dem Pferderücken aufliegt.

Wer viel Gepäck hat, braucht außerdem Vorderpacktaschen, die vor dem Reiterbein auf dem Sattel befestigt werden. Vorteil: Das Gewicht des Gepäcks wird so gleichmäßiger auf dem Pferd verteilt.

Das richtige Bepacken des Pferdes ist allerdings eine Kunst – denn allzu leicht gerät der ganze Krempel ins Rutschen ... Trotzdem ist so ein Wanderritt mit Gepäck ein tolles Erlebnis, gerade weil man dabei ganz auf sich gestellt ist.

darf man nicht einfach so in fremde Scheunen gehen."
„Aber wir sind doch in einer Notlage", fand Nadja. „Der Bauer, dem die Scheune gehört, wird schon nichts dagegen haben." Kurz entschlossen öffnete sie den Riegel des Holztores. Da riss ihr der Wind auch schon den Torflügel aus der Hand, und Fiona machte einen erschrockenen Satz zur Seite.
„Hooo, meine Süße", sagte Nadja beruhigend.
Jeanette leuchtete mit der Taschenlampe in die Scheune – und war angenehm überrascht: An den Wänden waren meterhohe Stapel von Heu- und Strohballen aufgeschichtet, aber dazwischen war genug Platz für ein gemütliches Nachtlager.
Die Freundinnen führten ihre Pferde hinein und zogen das Tor mit vereinten Kräften zu.
„Geschafft!", stellte Jeanette zufrieden fest und sah Nadja an. „Was meinst du – halten wir es hier eine Nacht aus?"
„Na klar", meinte Nadja. „Ich hoffe nur, die Sachen in den Packtaschen sind nicht total durchnässt."

Gewusst wie ...

Als Erstes versorgten die Mädchen ihre Pferde und öffneten einen Heuballen. Als sie vor jedem Pferd ein Büschel aromatisch duftendes Heu aufgeschüttelt hatten, schien die Welt zumindest für die Pferde schon wieder in Ordnung zu sein.
Jetzt untersuchten Jeanette und Nadja den Inhalt ihrer Packtaschen und stellten fest, dass das meiste tatsächlich trocken geblieben war. Schnell zogen sich die Freundinnen aus, rubbelten sich mit Handtüchern ab und schlüpften in trockene Jeans und Sweatshirts. „Also, eines muss man wirklich sagen", meinte Jeanette grinsend. „Wanderritte machen bescheiden."
Sie packten ihre Essensvorräte aus und aßen sich mit Knäckebrot, Käse und Butterkeksen halbwegs satt. Nur zu trinken hatten sie nichts mehr.
„Ich versuche mal das Regenwasser aufzufangen, das seitlich vom Scheunendach herunterläuft", sagte Jeanette und schnappte sich die leere Thermoskanne und den Tränk-

So plant man Wanderritte

Deinen ersten Wanderritt solltest du in Begleitung einer erfahrenen Wanderreitergruppe machen. Erst wenn du schon etwas Erfahrung mit längeren Touren hast, kannst du zusammen mit Freunden selbst einen Wanderritt planen. Hier sind die wichtigsten Regeln dafür:

- Alle teilnehmenden Pferde und Reiter müssen geländeerfahren und fit sein.
- Besorgt euch rechtzeitig topographische Karten (siehe Seite 61) und erkundigt euch bei der Kreisverwaltung, ob es für eure Reitgegend ein Verzeichnis von Wanderreitstationen gibt.
- Plant die Route im Voraus und rechnet dabei anfangs mit Tagesstrecken von 15 Kilometern Luftlinie. Das entspricht je nach Gelände ungefähr 30 Kilometern Reitstrecke.
- Legt im Voraus fest, in welchen Orten ihr übernachten wollt. Durch Anrufe bei der Gemeindeverwaltung lässt sich meist schnell herausfinden, wer in diesem Ort selbst Pferde hat. Wenn ihr diese Pferdebesitzer anruft, werdet ihr über die Gastfreundschaft staunen: Die meisten Reiter sind gerne bereit, Wanderreiter und deren Pferde zu beherbergen.

beutel für die Pferde. „Halt du das Tor gut fest, damit es nicht wieder auffliegt."

Gesagt, getan: Nadja hielt am Tor die Stellung, während Jeanette auf Wasserfang ging. Sie musste nicht lange warten: Vom Scheunendach strömte ein breiter Wasserstrahl herunter, sodass Tränkbeutel und Kanne innerhalb kürzester Zeit voll waren.

„Brrr", machte Jeanette und schüttelte sich, als sie wieder ein Dach über dem Kopf hatte. „Wenn ich so weitermache, gehen mir bald die trockenen Klamotten aus."

Von wegen romantisch!

Vor dem Einschlafen hatten die Freundinnen noch alle Hände voll zu tun: Sie trennten mit dem mitgebrachten Elektroseil den hinteren Teil der Scheune für die Pferde ab. Dann hängten sie ihre nassen Klamotten über die Holzbalken, bis es in der Scheune aussah wie in einer Waschküche. Endlich rollten sie ihre Schlafsäcke aus und krochen hinein.

„Ich finde es echt schön, mit Pferden durch die Landschaft zu ziehen", meinte Jeanette gähnend und zog einen piksenden Heuhalm aus ihrem Schlafsack. „Aber ich möchte gerne mal wissen, was an Wanderritten so romantisch sein soll!"

„Stimmt - die Sache mit der Romantik muss sich jemand ausgedacht haben, der noch nie mit Pferden unterwegs war", kicherte Nadja.

Während die Freundinnen sich unterhielten, pfiff der Wind um die Scheune, und der Regen prasselte aufs Dach. Ein Glück, dass Askan und Fiona bei ihnen waren! Die Nähe der Pferde wirkte beruhigend auf die Mädchen, und bald fielen sie in einen tiefen Schlaf.

Schreck am Morgen

Etwas Weiches, Haariges fuhr durch Jeanettes Gesicht und hauchte seinen Atem in ihr Ohr. Jeanette schreckte hoch. Was war das? Entsetzt rappelte sie sich auf - und blickte in die großen Augen von Askan.

„Hast du mich erschreckt", stöhnte sie. Im Halbdunkel sah sie sich um und stellte fest, dass die Abtrennung für die Pferde zertrampelt am Boden lag. Ein Blick auf die Uhr verriet Jeanette, dass es sechs Uhr war. Askan und Fiona schienen Durst zu haben, also schälte sie sich aus dem Schlafsack und schlüpfte in ihre Jeans, um draußen Wasser zu holen.

Schauspiel der Natur

Vor dem Scheunentor blieb Jeanette wie angewurzelt stehen: Die Morgensonne hatte sich gerade zur Hälfte über den Bergkamm geschoben und tauchte die Landschaft in strahlend rotes Licht. Der Wald dampfte, und die Wassertropfen vom nächtlichen Regen glitzerten wie kleine Edel-

steine auf den Blättern der Bäume. Atemlos starrte Jeanette auf den golden verzauberten Morgenwald. Noch nie in ihrem Leben hatte sie so etwas Schönes gesehen!

Schnell rannte sie in die Scheune. „Los - du musst mit rauskommen", rief sie Nadja zu. „Und ihr auch", sagte sie zu Fiona und Askan. Sie legte den Pferden Halfter an und führte sie nach draußen, gefolgt von der schlaftrunkenen Nadja.

„Was soll ich denn zu nachtschlafender Zeit ...", moserte Nadja. Doch dann verstummte sie mitten im Satz und starrte ungläubig auf die goldene Pracht. „Ist das schön", hauchte Nadja ergriffen und versenkte ihre Hände in Fionas Fell. Da bemerkte sie, dass auch die Pferde wie gebannt auf den Zauberwald starrten. Mit geweiteten Nüstern beobachteten sie, wie sich die Sonne allmählich über den Bergkamm schob.

Endlich fand Jeanette die Sprache wieder. „Ich finde Wanderritte einfach toll", sagte sie im Brustton der Überzeugung und schlang beide Arme um Askans Hals.

„Und vor allem so romantisch", ergänzte Nadja trocken. Die Freundinnen schauten sich an - und prusteten los. Eines war jedenfalls sicher: Langweilig wurde es beim Wanderreiten nie!

TEST

Wie viel Ausdauer hast du?

Kreuze jeweils die am ehesten auf dich zutreffende Antwort an. Die Auflösung findest du auf Seite 77.

1. Stell dir vor, du tüftelst an einem Kreuzworträtsel herum, aber einige Begriffe fallen dir nicht sofort ein. Was tust du?

U Ich grüble beharrlich weiter, bis ich auf die Lösung komme – egal, wie lange es dauert.

UU Ich habe keine Geduld für so etwas und lege das Rätsel ungelöst zur Seite.

UUU Ich frage andere Leute um Rat oder versuche die Lösung im Internet oder in Nachschlagewerken zu finden.

2. Hand aufs Herz: Welches Verhalten ist für dich typisch, wenn du mit jemandem streitest?

U Wenn ich die Schnauze voll habe, gehe ich einfach raus und werfe die Tür hinter mir zu.

UU Wenn ich mich erst einmal abreagiert habe, versuche ich meinen Streitgegner zu verstehen und mich wieder mit ihm zu versöhnen.

UUU Ehrlich gesagt: Ich bin oft ziemlich unversöhnlich und trage meinem Streitgegner auch dann noch Dinge nach, wenn der Streit für ihn schon längst beigelegt ist.

3. Wie verhältst du dich, wenn dein Schulpferd in der Springstunde vor dem Hindernis stehen bleibt, statt darüber zu springen?

U Ich galoppiere eine Runde und reite dann sofort wieder energisch auf das Hindernis zu.

UU Ich trabe eine Runde und versuche es dann erst einmal mit einer niedrigeren Hürde.

UUU Ich habe keine Lust mehr, mit diesem Pferd zu springen und reite lieber um die Hindernisse herum.

4. Welche dieser Aussagen könnte von dir stammen?

U „Wenn man wirklich will, kann man im Leben alles erreichen."

UU „Ich finde es ungerecht, dass manchen Leuten das Glück in den Schoß fällt und andere sich alles hart erarbeiten müssen."

UUU „Ich bin ein richtiges Glückskind: Alles, was ich mir wünsche, geht praktisch von selbst in Erfüllung."

5. Welche Berufe könntest du dir für dich am ehesten vorstellen?

U Popstar, Fotomodell

UU Ärztin, Tierärztin

UUU Informatikerin, Computer-Programmiererin

6. Wie oft wechselst du deine Lieblingsband?

U Meine jetzige Lieblingsband ist schon seit längerer Zeit mein Favorit.

UU Ich interessiere mich nicht so für Musik und habe auch keine richtige Lieblingsband.

UUU Ich habe ständig neue Lieblingsbands, meist sind es mehrere gleichzeitig.

Viele Pferde reagieren allergisch auf Insekten und müssen deshalb Schutzhauben und sogar Ganzkörperdecken tragen.

Sommer, Sonne, Bremsenplage ...

Wie du im Sommer Pferdebremsen und andere Plagegeister in Schach hältst.

Armer, geplagter Erik!

„Diese verdammten Viecher rauben mir noch den letzten Nerv!", fluchte Pia und fuchtelte mit der rechten Hand vor ihrem Gesicht herum, während sie mit der linken wahllos auf dem Hals ihres Friesen Erik herumpatschte.
Hunderte von Pferdebremsen schwirrten um Pferd und Reiterin herum, saßen dicht an dicht auf dem lackschwarzen Fell von Erik und saugten gierig das Blut des kräftigen Wallachs. Und natürlich verschonten sie auch Pia nicht.

Zehn-Punkte-Liste zum Insektenschutz

1. Den Offenstall mit Windschutznetzen so abdunkeln, dass keine Insekten mehr hineinfliegen.
2. Die Türöffnungen mit Streifenvorhängen abdichten, an denen die Pferde Insekten abstreifen können.
3. Einen elektrischen Insektenvernichter im Stall aufhängen.
4. Erik im Stall und auf der Weide eine Fliegendecke und eine Fliegenhaube anlegen.
5. Wenn die anderen Maßnahmen nicht helfen, Erik tagsüber in den geschlossenen Boxenstall sperren und nur nachts rauslassen.
6. Erik versuchsweise mit Knoblauchgranulat füttern, um Insekten fern zu halten.
7. Erik vor dem Reiten mit handelsüblichen Fliegenschutzmitteln einsprühen und seinen Kopf sorgfältig damit einreiben.
8. Erik versuchsweise mit Hausmitteln wie Essig und kaltem Walnussblättertee einreiben.
9. Falls die anderen Maßnahmen nicht ausreichen, Erik mit Fliegendecke reiten und die Decke vorher kräftig mit Insektenspray einsprühen.
10. Wenn möglich, ganz früh morgens oder spät abends reiten, weil dann nicht so viele Bremsen unterwegs sind.

„Ich halte das nicht mehr aus", stöhnte Pia und wendete ihr Pferd. „Komm, Dicker, wir reiten wieder heim", meinte sie seufzend. „So macht der Ausritt echt keinen Spaß."

Bremsen bis zum Abwinken ...

Pia war frustriert. Klar kannte sie Pferdebremsen, seit sie zu reiten begonnen hatte. Und sie hatte auch nichts gegen ein paar Insekten – aber seit sie umgezogen war und Erik in dem Offenstall am Waldrand lebte, kämpften sie mit einer echten Insektenplage. Es sah ganz so aus, als müsste Pia im Sommer ganz auf Ausritte verzichten – und das ausgerechnet in ihrer Lieblingsjahreszeit!

Kein Pferdeleben

Doch das war noch nicht alles: Erik litt nicht nur beim Reiten unter den Bremsen, sondern auch draußen auf der Weide und im Auslauf.
Oft standen er und seine Freunde stundenlang mit hängenden Köpfen und hin und her peitschenden Schweifen im Offenstall und verzichteten freiwillig auf das frische Gras der Weide. Und das war ein echtes Alarmzeichen!
Am Abend nach dem misslungenen Ausritt durchforstete Pia ihre Pferdebibliothek und das Internet nach Rezepten gegen die Insektenplage.
Dann stellte sie eine Zehn-Punkte-Liste zusammen, auf der alle Maßnahmen standen, die sie ausprobieren wollte (siehe Seite 71).

Geschützter Stall

Tapfer testeten Pia und Erik ein Mittel nach dem anderen.
Immerhin: Der Friese und seine Stallkollegen schienen sich nach dem Stallumbau deutlich wohler zu fühlen als vorher.
Die Windschutznetze sorgten dafür, dass es im Offenstall ganz dunkel war – und deshalb kamen kaum noch Insekten hinein.
Wenigstens hier hatten die Pferde nun ihre Ruhe.
Aber beim Reiten waren alle Bemühungen vergeblich. Weit über 200 € investierten Pia und ihre Reitfreunde, um alle gängigen Fliegenschutzmittel auszuprobieren.
Tatsächlich bewirkten einige Mittel, dass sich die Insekten nicht mehr auf das Fell der Pferde setzten. Doch dafür schwirrten sie in einer dichten Wolke um Pferde und Reiter herum. Nein, so machte Reiten keinen Spaß!

Training in der Halle

Am wirkungsvollsten war noch die Kombination aus Fliegendecke und Insektenschutzmittel. Damit rüstete Pia ihren Erik aus, wenn sie mit dem Wallach zu einem ihrer wenigen Sommerausritte startete.
Meistens entschied sie sich aber lieber dafür, in der Halle zu reiten. Dort wurden Erik und sie nämlich kaum von Insekten geplagt.
Einen Vorteil hatte die Insektenplage also doch: Pia und Erik feilten im Sommer so stark an ihren dressurmäßigen Künsten wie schon lange nicht mehr!

Warten auf den Winter

Aber eines war sicher: Wenn es endlich Winter war, würde Pia jeden Tag ausreiten! Denn Schnee und Kälte waren im Vergleich zur Sommerqual wirklich gut auszuhalten ...

QUIZ

Ausrüstung für lange Ritte

Kreuze die richtigen Antworten an.
Die Auflösung findest du auf Seite 77.

1. Wie nennt man eine mehrfach gefaltete Wolldecke, die bei längeren Ritten als Sattelunterlage dient?

A Wallach

B Woilach

C Boilach

2. Auf welchen Ausrüstungsgegenstand darf man im Gelände nie verzichten?

A Martingal

B Gerte

C Reithelm

3. Was versteht man unter den so genannten Trachten an Wanderreitsätteln?

A Trachten sind besondere Verzierungen des Sattelleders.

B Trachten sind lang auslaufende Unterpolsterungen des Sattelbaums.

C Trachten sind Ringe zum Anbringen von Packtaschen.

4. Welches Dokument müssen Wanderreiter bei längeren Touren mit sich führen?

A Abstammungsnachweis

B Gesundheitszeugnis

C Pferdepass

5. Welchen Teil der Pferdezäumung kann man beim Wanderreiten problemlos weglassen?

A Reithalfter

B Genickstück

C Zügel

6. Welchen Ausrüstungsgegenstand verwenden manche Wanderreiter anstelle des normalen Stallhalfters?

A Schweifriemen

B Halsriemen

C Stirnriemen

Badespaß mit Pferden

An heißen Tagen ist es ein herrliches Vergnügen, gemeinsam mit Pferden schwimmen zu gehen. An normalen Badeseen ist das allerdings meist nicht erlaubt. Die Hinweistafeln am Ufer klären dich darüber auf, ob Tiere ins Wasser dürfen oder nicht.
Wenn du Glück hast und es in der Nähe deines Stalls einen See ohne Pferdeverbot gibt, solltest du zuerst einmal ohne Pferd hineinwaten und eine Runde schwimmen. So findest du heraus, ob der Boden in der Uferregion fest ist – oder hast du etwa Lust, mit dem Pferd in einem Moorsee zu versinken?
Bevor du mit deinem Pferd schwimmen gehst, nimmst du ihm am Ufer Sattel und Zaumzeug ab und legst ihm ein Halfter mit einem zwei bis drei Meter langen Führseil an (gibt's in der Westernabteilung von Reitsportläden). So kann sich das Pferd nicht mit dem Vorderbein im Zügel verheddern und sich dabei womöglich selbst unter Wasser ziehen.
Führe das Pferd immer tiefer ins Wasser, bis es zu schwimmen beginnt. Jetzt schwimmst du selbst ebenfalls los und achtest darauf, einen Sicherheitsabstand von etwa einer Armlänge zum Pferd zu halten.
Lass dabei das Führseil so lang, dass du nicht bei jedem Schwimmzug am Halfter deines Pferdes ruckst. Nach fünf, höchstens zehn Minuten dirigierst du dein Pferd vorsichtig wieder zum Ufer.
Schwimmen ist für untrainierte Pferde nämlich sehr anstrengend, und schließlich soll dein Vierbeiner keinen Muskelkater bekommen.

Auflösung zum Test „Wie viel Ausdauer hast du?" (S. 68 / 69)

Zähle deine Punkte zusammen:

Frage	1	2	3	4	5	6
U	5	1	5	5	1	4
UU	1	3	3	4	3	2
UUU	3	4	1	2	5	3

Gesamtpunktzahl: ....

8–14 Punkte:

Deine Stärken:
Du hast vielseitige Interessen, einen großen Freundeskreis und bist immer offen für neue Erfahrungen.

Deine Schwächen:
Wenn etwas nicht gleich auf Anhieb klappt, schmeißt du es oft einfach hin.

Empfehlung:
Leider wird man nur durch Erfahrung ein guter Reiter – und Rückschläge gehören dazu. Bevor du auf einen Wanderritt startest, solltest du regelmäßig bei jedem Wetter im Gelände trainieren. Dabei findest du heraus, ob du tatsächlich genug Ausdauer für einen solchen Ritt hast.

15–21 Punkte:

Deine Stärken:
Wenn dir etwas nicht gleich gelingt, suchst du nach anderen Wegen. Dabei bist du beharrlich und wägst klug ab, wer bzw. was dir helfen könnte.

Deine Schwächen:
Oft prüfst du die Vor- und Nachteile so gründlich, dass du am Schluss den Blick fürs Wesentliche verlierst.

Empfehlung:
Wäge weiterhin verschiedene Möglichkeiten ab – aber vertraue dann deinem Gefühl, um den passenden Weg zu finden. Wenn du dich daran hältst, erfüllst du alle Voraussetzungen, um selbst einen Wanderritt zu planen.

22–28 Punkte:

Deine Stärken:
Du hast sehr viel Ausdauer und verfolgst deine Ziele konsequent und hartnäckig.

Deine Schwächen:
Wenn du dir etwas in den Kopf gesetzt hast, fällt es dir schwer umzudenken.

Empfehlung:
Versuche etwas flexibler zu werden und dich z. B. nicht an einer bestimmten Vorstellung von einem gelungenen Ritt festzubeißen.

Auflösung zum Quiz „Ausrüstung für lange Ritte" (S. 74/75)

Diese Antworten sind richtig:
1 B, 2 C, 3 B, 4 C, 5 A, 6 B.

Jagden, Rallyes & Co

Für Reitjagden und Rallyes brauchen Pferde und Reiter eine gründliche Ausbildung, viel Ausdauer und Nerven wie Drahtseile ...

„Unser Reitverein veranstaltet jedes Jahr eine Schnitzeljagd. Es ist oft gar nicht einfach, die markierte Strecke zu finden – aber Umwege gehören dazu …" (Tina, 12)

„Vor meiner ersten Fuchsjagd dachte ich, dass mein Pferd bestimmt ruhig bleibt. Aber von wegen: Beim Gruppengalopp hat mein Dicker richtig Gas gegeben!" (Eva, 14)

„Mein Wallach ist erst vor kurzem kastriert worden. Deshalb ist es ziemlich stressig, mit ihm an Rallyes teilzunehmen. Er hält ständig nach Stuten Ausschau." (Denise, 15)

„Mir gefallen an Rallyes vor allem die Aufgaben an den Kontrollpunkten. Neulich mussten wir z. B. blitzschnell ein zerlegtes Zaumzeug zusammenschnallen." (Lisa, 12)

Siegen ist nicht alles

Aynur war anders als die übrigen Mädchen im Reitstall - und das lag nicht nur an ihrem Namen. Auch ihre stille, zurückhaltende Art war den deutschen Mädchen fremd. Stellten sie Aynur eine Frage, so antwortete das türkische Mädchen einsilbig mit Ja oder Nein. Es war fast unmöglich, sie in ein längeres Gespräch zu verwickeln. Kein Wunder also, dass die anderen Reiterinnen Aynur für eingebildet hielten!
Dabei hätte Aynur so gerne dazugehört. Ihre Schweigsamkeit hatte einen einfachen Grund: Sie fühlte sich unsicher und hatte Angst, etwas Falsches zu sagen - aber das konnten die anderen Mädchen natürlich nicht wissen.
Immer wieder versetzte es Aynur einen Stich, wenn die anderen kichernd im Reiterstübchen saßen und über Klamotten, Jungs und Pferde sprachen.
Nur Aynur wurde nie gefragt, ob sie sich dazusetzen wollte. So kam es, dass sie sich immer weiter in ihr Schneckenhaus zurückzog ...

Training für die Jagd

Doch dann schlug der Reitlehrer ihr vor, mit ihrem Lieblingspferd Malik an der herbstlichen Reitjagd teilzunehmen. Klar, dass Aynur begeistert einwilligte!
In den nächsten Wochen fand für alle Teilnehmer der Fuchsschwanzjagd zweimal die Woche besonderer Reitunterricht statt. Dabei übten die Mädchen, im leichten Sitz im Jagdgalopp zu reiten, ihre Pferde sicher von den anderen wegzureiten und feste Geländehindernisse zu meistern.
Aynur war mit Feuereifer bei der Sache. Vor lauter Vorfreude auf die Jagd vergaß sie beinahe, dass sie im Stall die Außenseiterin war.

Die Spannung steigt

Endlich war es so weit: Der Jagdtag brach an. Aynur war als eine der Ersten im Stall und begann Malik zu putzen, während er noch an seinem Heu herumknabberte. Allmählich trafen auch die anderen Mädchen ein, und die Luft knisterte nur so vor Spannung.

Verschiedene Jagdtypen

Reitjagden auf lebendes Wild sind im deutschsprachigen Raum verboten. Stattdessen werden folgende Arten von Jagden veranstaltet:

- Bei der **Schleppjagd** wird eine künstliche Schleppe ausgelegt, der die Jagdhundemeute folgt. Die Jagdteilnehmer reiten hinter den Hunden her, und die Jagdstrecke führt meist über Hindernisse wie z. B. Wassergräben, Gatter oder Mauern.
- Bei der **Fuchsschwanzjagd** übernimmt ein Reiter die Rolle des Fuchses. An seiner rechten Schulter trägt er einen Fuchsschwanz. Die Jagdreiter folgen dem „Fuchs" über die Jagdstrecke. Erst am Ende der Jagd findet das so genannte Fuchsschwanzgreifen statt, bei dem die Teilnehmer versuchen, dem „Fuchs" den Fuchsschwanz von der Schulter zu reißen. Dieses Fuchsschwanzgreifen wird allerdings oft weggelassen, weil im dichten Gedränge der Pferde immer wieder Unfälle passieren.
- Bei **Schnitzeljagden** wird eine Spur aus Sägemehl oder Papierschnitzeln durch die Landschaft gelegt, der die Jagdreiter folgen. Schnitzeljagden sind oft einfacher als die anderen Jagdtypen; manchmal werden sie ganz ohne Hindernisse geplant.

Was muss man fürs Jagdreiten können?

Für die Teilnahme an einer Reitjagd solltest du auf jeden Fall folgende Voraussetzungen erfüllen:

- Du musst dein Pferd auch in einer Gruppe galoppierender Kollegen sicher unter Kontrolle haben und es notfalls jederzeit zum Halten durchparieren können.
- Du benötigst viel Übung und Ausdauer, um auch lange Galoppstrecken sicher zu bewältigen.
- Du solltest schon einige Erfahrung im Springen haben – und zwar nicht nur über Parcourshindernisse, sondern auch über natürliche Hürden, wie z. B. Baumstämme, Wassergräben oder Holzstapel.

Um zehn Uhr stellten sich alle Teilnehmer mit ihren Pferden im Hof auf. Aynur spürte, wie sie von einer freudigen Erregung erfasst wurde. Irgendwie hatte sie plötzlich das Gefühl dazuzugehören – jedenfalls ein bisschen ...

Jetzt ließen die Bläser die Jagdhörner erklingen, und dann ging es los. Die Fuchsreiterin Simone verließ als Erste den Hof, gefolgt von den anderen. Die Jagdgesellschaft ritt die Hofeinfahrt hinauf und bog nach links in einen Feldweg ein. Die Pferde spürten die Spannung ihrer Reiter und schnaubten aufgeregt. Sie wollten laufen! Doch es war vereinbart, dass sie erst dann angaloppieren durften, wenn die Fuchsreiterin das Signal dafür gab.

Pferdchen, lauft Galopp!

Endlich erreichten sie den Waldrand.

„Auf geht's!“, rief Simone und galoppierte los.

Jetzt gab es für die anderen kein Halten mehr. Aynur spürte, wie Malik sich unter ihr streckte und in rasendem Tempo zwischen den anderen

Pferden galoppierte. Sie genoss den Rausch der Geschwindigkeit - dieses wunderbare Gefühl von geballter Kraft, das sich mit jedem Galoppsprung von Malik auf sie übertrug.

Jetzt tauchte auch schon das erste Hindernis vor ihnen auf: ein dicker Baumstamm. Aynur ließ Malik die Zügel lang und ging weich mit seinen Bewegungen mit.

Kurz hintereinander folgten weitere Hindernisse: Ein kleiner Kreuzsprung, ein Wassergraben und ein Gatter mussten überwunden werden. Aynur merkte schnell, dass das Schwierige daran nicht die Sprünge selbst waren, sondern das dichte Gedränge der Pferdeleiber. Die Pferde hatten in der Menge kaum genug Platz, um den richtigen Absprung zu finden - aber irgendwie schafften sie es doch alle, über die Hürden zu kommen.

Verschnaufpause

Nach einer Weile parierte die Fuchsreiterin ihr Pferd durch, und die anderen taten es ihr nach.

PRAXISTIPP

Jagdkleidung – sicher ist sicher

Die traditionelle Jagdkleidung besteht aus schwarzen Schaftstiefeln, weißen oder beigefarbenen Reithosen und einem Reitjackett in den Farben schwarz, blau oder grün (für Frauen) bzw. schwarz, grün oder rot (für Männer).

Inzwischen veranstalten immer mehr Reitvereine Jagden ohne feste Kleiderordnung. Aber: Jeder Jagdteilnehmer sollte unbedingt einen Reithelm nach der gültigen Euro-Norm 1384 und eine Sicherheitsweste tragen, die seinen Rücken vor Wirbelsäulenverletzungen schützt.

„Ist bei euch alles in Ordnung?“, erkundigte sich Simone, und die geröteten, aber glücklichen Gesichter der Reiterinnen waren eigentlich schon Antwort genug.

„Wir reiten jetzt eine Viertelstunde im Schritt, sodass sich die Pferde ein bisschen erholen können“, erklärte Simone. „Danach kommt eine Hindernisstrecke, die durch den Wald führt. Dabei müsst ihr besonders aufpassen, dass ihr euch nicht in die Quere kommt. Mehr als zwei Pferde nebeneinander haben auf dem Waldweg keinen Platz. Okay?“

Die Mädchen nickten.

„Wenn wir aus dem Wald herauskommen, reiten wir zur großen Wiese hinter dem Bahndamm“, fuhr Simone fort. „Dort findet das Fuchsschwanzgreifen statt.“

„Alles klar“, erwiderten die Mädchen aufgeregt.

Im Schritt ritten sie auf den Wald zu. Das Herbstlaub raschelte unter den Hufen der Pferde, und allmählich bahnten sich die Sonnenstrahlen ihren Weg zwischen den Wolken hindurch. Die erhitzten Pferde dampften im Sonnenlicht, und Aynur genoss das rhythmische Knarzen des Sattelzeugs und das leise Schnauben von Malik. Sie hätte die ganze Welt umarmen können – doch da erreichten sie schon den Waldrand, und Simone galoppierte wieder an.

PRAXISTIPP

Angst muss sein ...

Bei größeren Jagden werden die Reiter traditionell in drei verschiedene Gruppen (die so genannten Felder) eingeteilt: Wer im ersten Feld reitet, springt über alle Hindernisse auf der Jagdstrecke. Für die Reiter des zweiten Feldes wird meist eine einfachere Strecke ausgewählt, und das dritte Feld folgt einer Route ohne Hindernisse.

Im Zweifelsfall solltest du lieber aufs Springen verzichten, statt einen Sturz zu riskieren. Wenn du Angst hast, betrachte sie als Warnsignal: Deine Angst schützt dich vor waghalsigen Aktionen!

Ein böser Sturz

Im gestreckten Galopp ritt Aynur neben Kiki, einem blonden Mädchen in ihrem Alter.

Da tauchte schon das nächste Hindernis vor ihnen auf: Es waren zwei gekreuzte Baumstämme, die übersprungen werden mussten.

Springen im Gelände

Geländehindernisse stellen hohe Anforderungen an Pferd und Reiter, weil sie im Gegensatz zu Parcourshindernissen fest und unbeweglich sind. Hier sind die wichtigsten Regeln fürs Springen im Gelände:

- Das Hindernis möglichst gerade und in der Mitte anreiten.
- Schon vor dem Absprung in den leichten Sitz gehen (siehe Seite 58).
- Wenn das Pferd abspringt, mit Oberkörper und Zügelhänden seiner Bewegung nach vorne folgen. Dabei stützt du dich mit den Knien und Oberschenkeln am Sattel ab.
- Bei der Landung im leichten Sitz bleiben und den Schwung mit Knien und Oberschenkeln abfedern. Rechne dabei mit rutschigem Untergrund und mache dich darauf gefasst, dass die ersten Galoppsprünge holprig sind, bis das Pferd wieder taktmäßig weitergaloppiert.

Malik setzte in einem riesigen Satz über das Hindernis. Aber wo blieb Kikis Pferd Speedy? Aynur sah sich um – und erstarrte vor Schreck: Speedy hatte den Sprung nicht geschafft und war gestürzt! Der Falbe rappelte sich auf und kam geradewegs auf Aynur zu. Aynur zögerte keine Sekunde. Blitzschnell parierte sie Malik durch und schnappte sich Speedys Zügel. Dann hielt sie nach seiner Reiterin Ausschau. „Oh nein", stöhnte Aynur, als sie Kiki entdeckte.
Die Gestürzte lag hinter dem Hindernis auf dem Boden – genau dort, wo die nächsten Pferde nach dem Sprung landen würden!

So ein Pech!

„Roll dich zur Seite, Kiki!", schrie Aynur. „Du musst von der Jagdstrecke weg!"
Kiki setzte sich auf und wischte sich benommen mit dem Ärmel übers Gesicht.

Kurz entschlossen sprang Aynur aus dem Sattel. In Windeseile band sie die Pferde an einem Baum fest und rannte zu Kiki hinüber. Sie wollte das Mädchen unter den Achseln packen und von dem Hindernis wegziehen - doch da rappelte Kiki sich schon wieder auf.

„Vielen Dank", sagte sie mit schiefem Grinsen. „Ich glaube, es geht schon wieder."

„Schnell, komm an den Wegrand!", rief Aynur.

In diesem Augenblick schoss das nächste Pferd heran, ein mächtiger Rappe. Ehe Aynur sich in Sicherheit bringen konnte, setzte der Rappe über die Hürde und landete direkt neben ihr. Dabei krachte sein rechter Steigbügel mit voller Wucht gegen Aynurs linken Ellbogen.

Ein rasender Schmerz durchzuckte Aynurs Arm, und sie taumelte gegen das Hindernis. Aus den Augenwinkeln sah sie, wie der Rappe mit seiner Reiterin um die nächste Kurve verschwand.

Kiki schien nichts bemerkt zu haben. „Komm schon", drängelte sie vom Wegrand.

Aynur atmete tief durch und versuchte trotz der höllischen Schmerzen in ihrem Ellbogen einen klaren Kopf zu bewahren.

Mit zusammengebissenen Zähnen folgte sie Kiki zu Malik und Speedy.

Vernunft? Nein danke ...

„Bist du in Ordnung?", erkundigte sich Aynur bei Kiki und versuchte trotz der Schmerzen in ihrem Arm zu lächeln.

PRAXISTIPP

Auch Fallen will gelernt sein

Wenn du merkst, dass du dich nicht mehr im Sattel halten kannst, versuche dich schon beim Fallen möglichst außer Reichweite des Pferdes zu bringen. Bitte halte auf keinen Fall die Zügel fest – sonst wirst du womöglich noch von deinem Pferd mitgeschleift, und das kann zu üblen Verletzungen führen.

„So halbwegs, ja“, gab Kiki zurück und wischte sich die Hände an der Reithose ab. „Vielen Dank, dass du Speedy eingefangen hast - das war echt lieb von dir. Was meinst du: Sollen wir die Jagd noch zu Ende reiten?“

„Ich weiß nicht“, meinte Aynur zögernd. „Ich habe irgendwas am Arm.“

Als sie Kikis besorgten Blick sah, biss sie schnell die Zähne zusammen. Sie wollte Kiki nicht den Spaß verderben.

„Was soll's“, sagte Aynur tapfer. „Versuchen wir es.“

Kiki lächelte sie dankbar an und schwang sich in Speedys Sattel.

Aynur hievte sich mühsam auf Maliks Rücken.

„Also dann - die Jagd geht weiter!“, rief Kiki und trieb Speedy an.

Der Falbe preschte davon, und Malik folgte ihm im Jagdtempo.

Durch die Bewegung wurde der Schmerz in Aynurs Arm fast unerträglich. Sie versuchte sich nur auf einen einzigen Gedanken zu konzentrieren: Sie musste im Sattel bleiben, egal wie.

PRAXISTIPP

Was tun bei Verletzungen?

- Direkt nach einem Sturz kann der betroffene Reiter oft nicht einschätzen, ob und wie schwer er verletzt ist. Deshalb sollte man einige Minuten warten, bevor man wieder in den Sattel steigt.
- Falls jemand verletzt ist, sofort per Handy Hilfe rufen (Notrufnummern 110 oder 112).
- Jeder Reiter sollte regelmäßig (mindestens alle zwei Jahre) einen Erste-Hilfe-Kurs besuchen, um im Notfall gestürzten Mitreitern helfen zu können.

Speedy holt auf

Endlich erreichten sie den Waldrand. Auf der Wiese am Bahndamm sahen sie die anderen Reiterinnen im gestreckten Galopp hinter der Fuchsreiterin herjagen.

„Das Fuchsschwanzgreifen hat schon begonnen! Nichts wie hinterher“, rief Kiki und trieb Speedy an.

Ehe Aynur etwas dagegen unternehmen konnte, fetzte Malik hinter ihm her. Das Rauschen in ihren Ohren wurde immer lauter.

Wie durch Watte bekam sie noch mit, wie ein paar Mädchenstimmen riefen: „Sie hat ihn! Kiki hat den Fuchsschwanz!"

Dann hielt Malik endlich an, und um Aynur herum wurde es dunkel ...

Unangenehmes Erwachen

Als Aynur wieder zu sich kam, wusste sie erst einmal überhaupt nichts mehr. Erstaunt stellte sie fest, dass sie in einem Krankenhausbett lag. Als sie sich umdrehen wollte, hinderte sie etwas daran: ihr linker Arm, der in einem riesigen Gips steckte.

Langsam begann Aynur sich zu erinnern - aber seltsam, dass sie vom Ende der Jagd nichts mehr wusste. Wie war sie ins Krankenhaus gekommen? Und was war mit ihrem Arm?

Jetzt ging die Zimmertür auf, und eine Krankenschwester streckte den Kopf herein.

„Schön, dass du wieder wach bist", sagte sie. „Wir haben uns schon Sorgen gemacht, weil du überhaupt nicht mehr aus der Narkose aufwachen wolltest."

„Wieso Narkose?", fragte Aynur und versuchte sich mühsam aufzurichten.

„Dein linker Arm glich einem Trümmerhaufen, als du eingeliefert worden bist", erklärte die Schwester mit ernstem Gesichtsausdruck. „Der Arm ist mehrfach gebrochen, deshalb bist du auch vor Schmerzen ohnmächtig geworden. Jedenfalls haben wir deine Knochen zusammengeschraubt, und jetzt brauchen sie Zeit zum Heilen."

Besuch mit Folgen

„Ist sie wach?", flüsterte jetzt hinter der Schwester im Flur eine Mädchenstimme. „Kann ich kurz zu ihr rein?"

„Nein", sagte die Schwester resolut über die Schulter. „Sie muss sich erst erholen."

„Bitte - nur ganz kurz", drängelte die Stimme, und schließlich gab die Schwester nach.

Die Tür ging auf, und Kiki kam herein. Ehrfürchtig starrte sie auf Aynurs Gipsarm und meinte: „Du Arme, dich hat es ja übel erwischt!" Dann sah sie Aynur in die Augen. „Ich möchte mich bei dir bedanken, Aynur", sagte sie ernst. „Wer weiß, was ohne deine Hilfe mit mir und Speedy passiert wäre."

„Ach was", meinte Aynur wegwerfend. „Das war doch eine Selbstverständlichkeit."

„Nein, war es eben nicht", sagte Kiki bestimmt. „Und ich möchte mich bei dir entschuldigen - nicht nur weil ich dich bei der Jagd zum Weiterreiten gedrängt habe, sondern vor allem, weil ich und die anderen Mädchen im Stall ...", sie suchte nach den passenden Worten, „... weil wir dir früher immer aus dem Weg gegangen sind. Weißt du - wir hatten das Gefühl, dass du uns nicht ausstehen kannst."

Aynur starrte sie überrascht an. „Und ich dachte immer, dass ihr mich nicht mögt", sagte sie, und plötzlich mussten beide lachen.

Eine Freundin für Aynur

Dann wurde Kiki wieder ernst und meinte: „Hast du Lust, nächstes Wochenende zu meiner Geburtstagsfete zu kommen? Bis dahin wirst du ja hoffentlich aus dem Krankenhaus entlassen sein."

„Das hoffe ich auch", sagte Aynur mit belegter Stimme. „Na klar, ich komme gerne!"

„Jetzt ist aber Schluss", ertönte da die Stimme der Schwester.

„Ich gehe ja schon", sagte Kiki. Schnell zog sie ein gerahmtes Foto aus ihrer Tasche und stellte es auf Aynurs Nachttisch. Es zeigte Malik, der über die Weide galoppierte.

„Vielen Dank", meinte Aynur gerührt.

„Morgen komme ich wieder", sagte Kiki, bevor sie von der Krankenschwester aus dem Zimmer geschoben wurde.

Aynur betrachtete noch einen Augenblick das Foto von Malik. Dann schloss sie glücklich die Augen und träumte von ihrem künftigen Leben - von einem Leben, in dem sie nicht mehr anders war als die anderen.

„Vielen Dank, Kiki", murmelte sie, dann war sie auch schon eingeschlafen.

TEST

Wie gut beherrschst du dein Pferd in der Gruppe?

Kreuze jeweils die am ehesten auf dich zutreffende Antwort an. Die Auflösung findest du auf Seite 99.

1. Wie benimmt sich dein (Lieblings-)Pferd in der Reitstunde, wenn euer Vorderpferd mit dem Einzelgalopp an der Reihe ist?

- U Mein Pferd bleibt völlig ruhig und gelassen.
- UU Mein Pferd wird nervös und würde gerne mitgaloppieren, aber ich kann es gut zurückhalten.
- UUU Mein Pferd flippt völlig aus und rennt meistens einfach hinter dem Vorderpferd her, ohne dass ich etwas dagegen unternehmen kann.

2. Was für ein Typ ist dein (Pflege-)Pferd?

- U Es ist temperamentvoll, aber nicht hysterisch.
- UU Es ist ein hitziges, sehr nervöses Pferd.
- UUU Es ist eher ruhig und manchmal sogar faul.

3. Wie verhält sich dein Pferd, wenn es z. B. wegen einer Erkrankung allein in der Box bleiben muss, während seine Stallkollegen auf der Weide sind?

U Mein Pferd bleibt ruhig und gelassen – jedenfalls solange es genug Heu in der Box hat.

UU Mein Pferd wiehert oft und hält nach seinen Artgenossen Ausschau, aber es flippt nicht völlig aus.

UUU Mein Pferd rennt pausenlos in der Box herum, steigt und/oder schlägt mit den Hufen gegen die Boxenwand.

4. Wie reagiert dein Pferd normalerweise, wenn du es von der Weide holst?

U Es kommt mir interessiert entgegen.

UU Es läuft erst einmal davon, und meistens dauert es eine Weile, bis ich es endlich eingefangen habe.

UUU Es bleibt stehen, bis ich ihm das Halfter angelegt habe, und kommt dann bereitwillig mit.

5. Ist es dir beim Reiten schon einmal passiert, dass dein (Lieblings-)Pferd im Galopp unkontrolliert davongestürmt ist?

U Ja, das passiert öfter, wenn mein Pferd so richtig in Rennlaune ist.

UU Das ist schon vorgekommen, wenn das Pferd vor irgendetwas erschrocken ist.

UUU Nein, das ist mir glücklicherweise noch nie passiert.

6. Wie gut hört dein Pferd auf dich, wenn es z. B. beim Putzen mit der Hinterhand herumtreten soll?

U Wenn ich es mit dem Finger antippe, reagiert es sofort und tritt wunschgemäß herum.

UU Es schaltet erst einmal auf Durchzug und reagiert erst dann, wenn ich wütend werde.

UUU Es reagiert überhaupt nicht – egal, was ich tue.

Zum Ausdauertraining eignen sich vor allem lange Geländeritte mit regelmäßigen Ruhepausen.

Fitnesstraining für Pferde

Wie du dich und dein Pferd für Jagden und Orientierungsritte fit machst.

So eine schlappe Socke!

„Ich verstehe nicht, weshalb Socke so schwitzt!“ Kopfschüttelnd betrachtete Gesine ihre Fuchsstute, die den Namen Socke ihren vier weißen Beinen verdankte. Socke bot einen Mitleid erregenden Anblick: Schweißnass stand sie in ihrer Box und sah völlig erschöpft aus.

Dabei hatte Gesine nur mit ein paar anderen Reitern einen zweistündigen Ausritt gemacht – und deren Pferde wirkten eigentlich noch topfit.

„Wenn Socke so weitermacht, kann ich die Herbstrallye dieses Jahr gleich wieder absagen", seufzte Gesine.
„Quatsch", meinte ihre Freundin Minka. „Bis zur Rallye hast du noch drei Monate Zeit - bis dahin bekommst du Socke fit."
„Meinst du wirklich?", fragte Gesine zögernd.
„Na klar!", behauptete Minka. „Komm, am besten schreiben wir einen Trainingsplan für Socke und dich auf. Wetten, dass sie bis zur Rallye nur so vor Energie sprüht?"
„Die Wette gilt", meinte Gesine und schlug ein.

Trainingsplan für Gesine und Socke

1. Socke von Montag bis Freitag mindestens eine Stunde pro Tag im Gelände oder auf dem Reitplatz reiten.
2. An Samstagen und Sonntagen anfangs zweistündige Geländeritte unternehmen und die Rittdauer langsam auf drei Stunden steigern.
3. Allmählich die Trabstrecken verlängern, bis Trab die Hauptgangart bei den Geländeritten ist.
4. Vor und nach jedem Ritt den Puls messen (Normalwert in Ruhe: 30 – 45 Pulsschläge pro Minute, kann man am besten an der Innenseite des Röhrbeins oder an der Unterseite der Schweifrübe messen). 20 Minuten nach dem Ende des Rittes dürfen es höchstens 60 Pulsschläge pro Minute sein – sonst hat Socke sich überanstrengt.
5. Bei höheren Pulswerten das Trainingspensum zurückschrauben, bei guten Werten die Anforderungen beibehalten und langsam steigern.
6. Socke aufmerksam beobachten und bei Anzeichen von Überforderung (z. B. Arbeitsunwille, starkes Schwitzen) die Trabstrecken verkürzen.
7. Zum Muskelaufbau regelmäßig bergauf und bergab reiten.
8. Zur Vorbereitung auf die Rallye an den Wochenenden auch mal in unbekannte Gegenden reiten.
9. Mit Socke Wasserdurchquerungen und das Öffnen und Schließen von Toren üben.
10. Das Galoppieren in Gesellschaft fremder Pferde trainieren.

Orientierungsritte und Rallyes

Bei Orientierungsritten legen Pferd und Reiter Geländestrecken bis 20 Kilometer Länge zurück. An verschiedenen Kontrollpunkten müssen die Reiter unterwegs Fragen zu Pferden oder zu der Reitgegend beantworten und mit den Pferden Geschicklichkeitsaufgaben lösen. Bei längeren Ritten wird unterwegs oft auch die Fitness der Pferde überprüft. Die Strecken zwischen den Kontrollpunkten sind meist nicht festgelegt; die Reiter müssen mithilfe einer topographischen Karte selbst den kürzesten Weg finden.

Rallyes unterscheiden sich von Orientierungsritten meist nur dadurch, dass die Wegstrecke vorab gekennzeichnet wird. Ansonsten müssen auch hier unterwegs die unterschiedlichsten Aufgaben gelöst werden – je nach Fantasie der Veranstalter!

Na also!

Gesine übte beharrlich, und tatsächlich machte Socke Fortschritte. Bald beruhigte sich ihr Herzschlag auch nach starken Anstrengungen immer schneller.

„Ich glaube, wir sind fit für die Rallye", stellte Gesine nach einigen Wochen strahlend fest. Und dann war es so weit: An einem sonnigen Wochenende machte sie sich mit Socke auf den Weg zur Herbstrallye.

Socke ist spitze!

Mit dem Geländeritt war Gesine mehr als zufrieden: Socke war topfit und bestand mühelos alle Tierarztkontrollen. Und auch Gesine bewältigte die Streckenaufgaben gut.
„Das war eine Spitzenzeit!", jubelte Minka überschwänglich, als Gesine sich nach der Rallye aus dem Sattel gleiten ließ. „Sieht ganz so aus, als hätte dein Training wirklich was gebracht."
Schließlich wurden die Platzierungen bekannt gegeben: Gesine war mit Socke auf dem sechsten Platz gelandet!

Wetten, dass ...

„Ich habe übrigens unsere Wette gewonnen", erklärte Minka an diesem Abend und sah die Freundin herausfordernd an.
„Stimmt", gab Gesine bereitwillig zu. „Aber um was haben wir eigentlich gewettet?"
„Wie wär's mit einem pferdefreien Abend in der Disko?", fragte Minka. „Und du bezahlst?!"
„Au ja, ich bin dabei!", rief Gesine spontan. Denn eines war sicher: Nach ihrem Training mit Socke war sie fit genug für einen Tanz-Marathon ...

Distanzreiten – nichts für Schlappis!

Bei Distanzritten geht es darum, eine festgelegte Strecke von 25 bis 160 Kilometern in möglichst kurzer Zeit zurückzulegen. Dabei wird auch die gesundheitliche Verfassung der Pferde mit bewertet. Tierärztliche Kontrollen vor, während und nach dem Wettbewerb stellen sicher, dass kein Vierbeiner überfordert wird. Distanzritte stellen enorme Anforderungen an Pferd und Reiter. Wenn die beiden nicht genug trainiert haben, sind sie den Strapazen eines solchen Wettbewerbs nicht gewachsen.

QUIZ

Rund um die Reitjagd

Kreuze die richtigen Antworten an.

Die Auflösung findest du auf Seite 99.

1. Was versteht man unter einem Jagdgericht?

A Ein abendliches Festmahl für alle Jagdteilnehmer

B Einen Zusammenschluss der Landwirte, über deren Felder die Reitjagd führt

C Einen Ausschuss, der nach der Reitjagd Verstöße gegen die Jagdregeln ahndet

2. Wie heißt der Jagdleiter in der Fachsprache?

A Mister

B Master

C Meister

3. Wie nennt man den Ort, an dem sich die Jagdteilnehmer vor der Jagd treffen?

A Treffdichein

B Reitdichein

C Stelldichein

4. Was rufen die Jagdteilnehmer traditionell am Ende der Jagd?

A „Halali!“

B „Hallihallo!“

C „Holldrio!“

5. Nach einem alten Brauch erhält jeder Jagdreiter am Ende der Jagd einen kleinen Eichen- oder Tannenzweig. Wie nennt man diesen Zweig?

A Strich

B Bruch

C Krach

6. In welcher Jahreszeit finden Reitjagden normalerweise statt?

A Frühling

B Sommer

C Herbst

Brauchtumsritte: Dabei sein ist alles!

Das ganze Jahr über finden in vielen Gemeinden so genannte Brauchtumsritte statt. Meist treffen sich dabei Reiter und Gespannfahrer aus den umliegenden Orten zu einem Umritt bzw. einer Umfahrt um die Dorfkirche.
Dabei sind die Pferde festlich geschmückt und haben oft bunte Bänder und manchmal sogar Blumen in den Mähnen und Schweifen. Auch die Kutschen sind prächtig herausgeputzt, und bei manchen Brauchtumsritten tragen die Reiter die typische Tracht dieser Gegend.
Die Gespanne und Pferd-Reiter-Paare drehen eine oder mehrere Runden um die Kirche und werden dabei vom Ortsgeistlichen gesegnet. Solche Umritte finden meistens im Schritt statt, und die Pferde und Reiter bzw. Fahrer müssen vor allem gute Nerven mitbringen.
Oft kommen viele Schaulustige zusammen, um die herausgeputzten Pferde zu bewundern. Nach dem Umritt wird meist ein Imbiss für die Teilnehmer angeboten, bevor sie sich frisch gestärkt auf den Heimweg machen.
Brauchtumsritte finden z. B. an Neujahr, am Dreikönigstag, zu Pfingsten, an Christi Himmelfahrt und zu Ehren verschiedener Heiliger statt – etwa als Leonhardiritte am Tag des heiligen Leonhard (Ende Oktober/Anfang November) oder als Georgiritte am Tag des heiligen Georg im April.
Für Brauchtumsritte müssen Pferde und Reiter keine besonderen Leistungen erbringen – dabei sein ist alles!

Auflösung zum Test „Wie gut beherrschst du dein Pferd in der Gruppe?" (S. 90/91)

Zähle deine Punkte zusammen:

Frage	1	2	3	4	5	6
U	5	3	4	5	1	5
UU	3	2	3	1	3	3
UUU	1	4	1	3	5	1

Gesamtpunktzahl: ....

7–13 Punkte:

Ehrlich gesagt: Du hast dein Pferd in der Gruppe noch nicht besonders gut im Griff. Bevor du an einer Reitjagd oder einem Orientierungsritt teilnimmst, solltest du noch Reitunterricht nehmen. Denn dein (Lieblings-)Pferd achtet mehr auf seine Artgenossen als auf dich – und das kann in einer Gruppe gefährlich sein. Tipp: Führe dein Pferd erst einmal zu Fuß von seinen Artgenossen weg. Bleibe nur eine Minute weg, lobe es und führe es wieder zurück. Allmählich bleibst du jeden Tag etwas länger weg. So lernt das Pferd Schritt für Schritt, mehr auf dich zu achten als auf die anderen Pferde.

14–20 Punkte:

Du hast dein Pferd auch in der Gruppe meistens gut im Griff – aber leider noch nicht immer. Es passiert schon mal, dass das Pferd sich mehr auf seine Artgenossen konzentriert als auf dich. Deshalb solltest du in der Reitstunde konsequent halbe und ganze Paraden üben. Tipp: Falls das Pferd während einer Jagd oder Rallye seine Aufmerksamkeit plötzlich von dir abwendet und stattdessen hinter irgendwelchen anderen Pferden herlaufen will, solltest du es sofort mit Übungen wie Schenkelweichen oder Rückwärtstreten dazu bringen, wieder auf dich zu achten.

21–28 Punkte:

Gratulation: Du beherrschst dein Pferd auch in der Gruppe sehr gut und brauchst dich vor Jagden und Orientierungsritten nicht zu fürchten. Klar, dass sich auch dein Pferd für seine Artgenossen interessiert – aber es hat dich als Ranghöhere akzeptiert und ignoriert deine Hilfen höchstens im Ausnahmefall. Sollte das einmal passieren, dann kannst du das Pferd wieder unter Kontrolle bekommen, indem du es abwendest und einige Zirkel oder Volten reitest. So erinnerst du es schnell wieder daran, dass du die Chefin bist und Richtung und Tempo bestimmst.

Auflösung zum Quiz „Rund um die Reitjagd" (S. 96/97)

Diese Antworten sind richtig:
1 C, 2 B, 3 C, 4 A, 5 B, 6 C.

Winterspaß mit Pferden

Ausritte durch den Schnee und Schlittenfahrten mit Pferden sind herrliche Wintervergnügen – vorausgesetzt, Pferd und Mensch sind richtig ausgerüstet ...

„Ich bin mal über eine zugefrorene Pfütze galoppiert, die mit Schnee bedeckt war. Mein Pferd wäre fast gestürzt! Seitdem bin ich bei Schnee vorsichtiger." (Anita, 14)

„Wenn es richtig kalt ist, reite ich mein Pflegepony oft ohne Sattel. So bleibt mein Hintern schön warm." (Chantal, 13)

„Der Winter ist meine Lieblings-Reitjahreszeit. Ich finde es toll, dick eingemummt durch den Wald zu traben und die eiskalte Luft zu spüren." (Rena, 15)

„Manchmal lasse ich mich von meinem Pony auf dem Schlitten ziehen. Dabei fällt man leicht vom Schlitten und rutscht dann auf dem Po durch den Schnee." (Susi, 12)

Brummi, der verkannte Held

„Los, Tina, wach auf! Es hat geschneit!"
„Wie bitte?" Verschlafen blinzelte Tina unter ihrer Bettdecke hervor und warf einen Blick aus dem Fenster.
Tatsächlich: Über Nacht war die Landschaft unter einer dicken weißen Schneedecke verschwunden!
„Hoffentlich frieren die Pferde nicht!", rief Tina erschrocken. „Sie sind doch Tag und Nacht draußen im Offenstall!"
Doch ihre Freundin Verena beruhigte sie. „Keine Sorge", meinte sie lächelnd. „Robust gehaltenen Pferden kann die Kälte nichts anhaben - sie sind durch das Hautfett und ihr kuscheliges Winterfell gegen Kälte und Schnee geschützt."

Schnee an Ostern

„Meinst du, wir dürfen heute im Schnee ausreiten?", fragte Tina aufgeregt, während sie in ihre Reithose schlüpfte.
„Das will ich mal schwer hoffen", meldete sich jetzt Isabell aus dem Nachbarbett. „Ich habe mir schon immer gewünscht, mal im Schnee zu reiten - aber bei uns zu Hause schneit es nie!"
Kurz darauf saßen die Mädchen im Gruppenraum des Ferien-Reiterhofs beim Frühstück. Alle waren aufgeregt, denn natürlich hatte niemand damit gerechnet, dass während der Osterferien so viel Schnee fallen würde! Aber hier im Allgäu war das anscheinend gar nicht so selten.

PRAXISTIPP

Nicht zu viel putzen!

Pferde bilden im Winter einen verstärkten Fettfilm auf der Haut, der sie auf natürliche Weise vor Kälte und Nässe schützt. Deshalb tust du deinem (Pflege-)Pferd keinen Gefallen, wenn du es in der kalten Jahreszeit ständig bis auf die Haut sauber bürstest. Natürlich musst du das Pferd vor und nach dem Reiten gründlich putzen – aber das Fett in den tieferen Fellschichten solltest du ihm ruhig lassen, damit es auch bei eisigen Temperaturen nicht friert.

Als die Reitlehrerin Andrea hereinkam, wurde sie sofort von allen Seiten bestürmt. „Dürfen wir heute ausreiten?“, wollten die Mädchen wissen.
Doch Andrea machte ein nachdenkliches Gesicht. „Leider können wir nicht alle Pferde einsetzen“, erklärte sie. „Diejenigen, die Hufeisen tragen, müssen im Stall bleiben. Der Schnee friert nämlich an den Eisen fest und bildet dicke Stollen.“ Sie sah die enttäuschten Gesichter der Mädchen und fügte schnell hinzu: „Aber lasst mich nachrechnen, wie viele Barhufpferde wir haben.“

Ski- und Schlittenspaß

Nach einer kurzen Pause, in der sie leise die Namen aller Pferde durchgegangen war, sagte Andrea: „Ihr habt Glück! Wir haben acht Schulpferde ohne Hufeisen, und ihr seid sechzehn Mädchen. Wenn ihr euch jeweils zu zweit ein Pferd teilt, kann immer eine von euch reiten, und die andere fährt auf dem Schlitten oder auf Skiern hinter dem Pferd her.“
Jetzt ging ein Jubelschrei durch den Frühstücksraum.

Schneeschutz für die Pferdehufe

Im Schnee haben Pferde mit normalen Hufeisen ein Problem: Der Schnee friert sofort an den Eisen fest und ballt sich zu riesigen Klumpen zusammen, sodass die Pferde wie auf Stelzen gehen. Natürlich darf man die Pferde dann nicht reiten – das wäre viel zu gefährlich! Deshalb lassen viele Pferdebesitzer in schneereichen Gegenden vom Hufschmied einen speziellen Gummiwulst zwischen Huf und Hufeisen anbringen. Dieser so genannte Hufgrip schleudert den Schnee bei jedem Schritt des Pferdes aus dem Huf.

Tina und Verena bekamen den Norwegerwallach Brummi zugeteilt - und wechselten entsetzte Blicke. Brummi hatte den Ruf, furchtbar faul und dickfellig zu sein. Aber gut - sie würden versuchen, das Beste daraus zu machen ...

Los geht's!

Wenig später putzten die Mädchen ihre Pferde und legten ihnen mit Andreas Hilfe Brustgeschirre an. Als schließlich alle Skifahrerinnen mit passenden Stiefeln und Skiern ausgerüstet waren, konnte es losgehen. Fünf Mädchen fuhren Ski, drei ließen sich auf Rodelschlitten von den Pferden ziehen.
Andrea ritt auf ihrem Quarter Horse Little Molly im Schritt vom Hof, und die Mädchen folgten ihr aufgeregt.

Fröhliche Vierbeiner

Auch die Pferde schienen sich über die weiße Pracht zu freuen: Sie schritten lebhaft aus, während der Schnee unter den Skiern und Schlittenkufen knirschte. Alle Pferde waren daran gewöhnt, Schlitten oder Skifahrer zu ziehen. Munter stapften sie die Dorfstraße hinunter, dann bogen sie dort rechts ab, wo normalerweise ein Feldweg verlief. Natürlich

PRAXISTIPP

Skijöring

Beim Skijöring lässt sich ein Skifahrer vom Pferd ziehen, während es von einem Reiter gelenkt wird. Für diesen Winterspaß eignen sich alle Pferde, die vor dem Wagen und unter dem Sattel gründlich ausgebildet wurden.

Das Pferd trägt außer Sattel und Zaumzeug ein Brustgeschirr, an dem die Zugleinen befestigt sind. Diese Leinen sind meist etwa zehn Meter lang, und ihre Enden sollten mit einem Lederriemen verbunden werden.

Der Skifahrer muss gut aufpassen, dass er bei plötzlichen Wendungen oder Stopps schnell genug bremst oder am Pferd vorbeigleitet. Auf keinen Fall darf er dem Pferd von hinten in die Beine rutschen!

Profis betreiben Skijöring manchmal auch ohne Reiter. Dabei wird das Pferd vom Skifahrer selbst gesteuert.

konnte man heute nur ahnen, wo sich der Weg unter der dicken Schneedecke befand. Aber die Mädchen kümmerten sich nicht weiter darum, sondern folgten einfach Andrea.

Tina glitt auf Skiern hinter Brummi her und war völlig begeistert. Entgegen ihren Befürchtungen war der Norwegerwallach gar nicht so langsam. Ab und zu drehte Verena sich im Sattel um, und die Freundinnen grinsten sich an. So ließen sich die Ferien gut aushalten ...

„Seid ihr bereit für einen Trab?“, rief Andrea.

Nachdem alle bejaht hatten, ließ sie ihre Little Molly antraben.

Sicher Schlitten fahren

Beim Schlittenfahren mit Pferden kann einiges passieren: Du kannst dem Pferd mit dem Rodelschlitten von hinten zwischen die Beine rutschen, der Schlitten kann umkippen, und im schlimmsten Fall kann dich z. B. in einer engen Wendung ein Pferdehuf treffen.

Trotzdem: Schlittenfahren hinter Pferden macht riesigen Spaß – und mit einem gut eingefahrenen Pferd kannst du's ruhig wagen. Achte dabei darauf, dass der Abstand zwischen Pferd und Schlitten mindestens drei Meter beträgt, und fahre nicht auf öffentlichen Straßen – das ist nämlich verboten. Die wichtigste Regel für Skijöring und Schlittenfahren: Lasse los, wenn du gestürzt bist – sonst wirst du mitgeschleift und womöglich schlimm verletzt!

Hui! Jetzt begann die Sache erst richtig Spaß zu machen! Ohne dass sie irgendetwas tun musste, flitzte Tina fast lautlos hinter dem dicken Brummi durch den Schnee. Genial!

Hilfe, ein Schneemonster!

Sie erreichten den Waldrand und bogen gerade in einen breiten Wirtschaftsweg ein, als sich plötzlich die Ereignisse überschlugen: Vor ihnen ertönte auf einmal lautes Getöse, und im gleichen Augenblick bog ein riesiger, orangefarbener Schneeräumer um die Kurve.

Andrea parierte sofort zum Schritt durch und drehte sich im Sattel um.

„Reitet am rechten Wegrand und sprecht beruhigend mit euren Pferden!“, rief sie den Mädchen zu.

Doch der Fahrer des Schneeräumers schien Gefallen daran zu finden, die Pferde zu erschrecken. Mit einem Affenzahn und gesenkter Schaufel raste er den Weg entlang. Riesige Schneefontänen schossen seitlich unter der Schaufel hervor und bedeckten Pferde und Mädchen mit einer eklig nassen Schneeschicht.

Jetzt gerieten einige Pferde in Panik. Drei Ponys warfen sich herum und rasten im Galopp davon. Dabei verloren die Skifahrerinnen hinter den Ponys das Gleichgewicht und fielen hin.

„Lasst die Leinen los!“, schrie Andrea.

Die Mädchen ließen los, und die flüchtenden Ponys verschwanden mit ihren Reiterinnen um die nächste Wegbiegung, dicht gefolgt von dem Schneeräumer.

Nun kam auch bei den anderen Pferden Unruhe auf: Sie wollten hinter ihren Artgenossen her! Nur Brummi blieb völlig gelassen, als würden ihm jeden Tag Schnee spuckende Ungeheuer begegnen.

Drei Ponys vermisst!

„So ein Vollidiot“, zischte Andrea wütend. „Seid ihr alle okay?“, erkundigte sie sich dann bei den gestürzten Skifahrerinnen.

Glücklicherweise waren die drei mit dem Schrecken davongekommen.

„Ihr drei bleibt zusammen und geht zu Fuß zum Reiterhof zurück“, ordnete Andrea an.

Dann wandte sie sich an die restlichen Mädchen und meinte: „Wir reiten am besten hinter den anderen her und versuchen die Ponys einzufangen."
Sie trieb Little Molly an und trabte in die Richtung, in der die Ponys verschwunden waren. Brummi und die anderen Pferde folgten Little Molly. Aber jetzt konnte sich niemand mehr richtig über die Winterlandschaft freuen. Hoffentlich war den anderen nichts passiert!

Reiten im Straßenverkehr

Für Reiter gelten im Verkehr die gleichen Regeln wie für Autofahrer. Deshalb reitet man nicht auf dem Bürgersteig, sondern am rechten Fahrbahnrand. Auf schmalen Verkehrsstraßen werden die Pferde einzeln hintereinander her geritten, auf breiteren Straßen können auch jeweils zwei Pferde nebeneinander auf der rechten Fahrspur gehen. Möchte man abbiegen, streckt man wie beim Fahrradfahren den rechten bzw. linken Arm zur Seite aus.

Wo steckt Isabell?

Sie ließen den Wald hinter sich und entdeckten etwa einen Kilometer weiter ein paar dunkle Punkte im Schnee. Als sie näher kamen, stellte sich heraus, dass es die Vermissten waren. Von dem Schneeräumer war nichts mehr zu sehen – nur die Reifenspuren

zeigten, in welche Richtung er verschwunden war.
Atemlos brachte Andrea ihr Pferd zum Stehen, und auch Verena und die anderen parierten durch. Tina grätschte ihre Beine und bremste den Schwung der Skier ab.
Doch was war das? Am Wegrand warteten nur zwei der Mädchen mit den drei Ponys. Eine Reiterin fehlte!
„Wo ist Isabell?", fragte Andrea.
„Ist sie euch nicht entgegengekommen?", fragte Wiebke erstaunt zurück. „Isabell ist zu Fuß losgezogen, um euch zu suchen."
„Oh nein", stöhnte Andrea. „Hoffentlich ist sie nicht querfeldein gelaufen! Unter der Schneedecke hier links vom Weg verbirgt sich nämlich ein zugefrorener See, und die Eisdecke ist bestimmt nicht sehr tragfähig."
Die Mädchen wechselten betretene Blicke. „Genau in diese Richtung ist sie gelaufen", sagte Wiebke leise.
Andrea wirbelte mit Little Molly herum. „Ihr wartet hier!", rief sie den Mädchen über die Schulter zu und preschte im Galopp davon.

Fehlalarm!

Die Mädchen redeten aufgeregt durcheinander. Konnte es sein, dass Isabell in den Teich eingebrochen war?
Tina ließ ihren Blick über die weiße Fläche schweifen. „Irgendwie ist es seltsam", meinte sie nachdenklich. „Es sieht ganz so aus, als ob Andrea und Molly auch verschwunden wären."
„Lasst uns mal nachsehen", schlug Wiebke vor und hauchte sich Atem in die Hände, um ihre Finger aufzuwärmen.
„Aber wir sollen doch hier warten", wandte Verena ein.
„Und was ist, wenn Andrea Hilfe braucht?", fragte Tina zurück.
Die Mädchen wurden sich schnell einig: Im Schritt ritten sie die Straße zum Waldrand hinauf und riefen immer wieder laut nach Andrea. Da kam ihnen vom Waldrand plötzlich jemand entgegen. Es war Isabell!
„Da seid ihr ja!", rief Isabell erleichtert. „Und ich dachte schon, ich hätte mich verlaufen!"
„Wo hast du denn gesteckt?", wollte Tina wissen.

„Ich habe euch gesucht - aber offensichtlich bin ich in die falsche Richtung gegangen“, erwiderte Isabell.

Andrea in Gefahr

In diesem Moment entdeckte Verena etwas, was ihren Atem stocken ließ: Dort hinten führten Hufspuren über die schneebedeckte Fläche und endeten bei einem großen, dunklen Loch. Aus dem Loch tauchte immer wieder für einen kurzen Moment der fuchsfarbene Kopf von Little Molly auf!

„Little Molly ist in den See eingebrochen!“, schrie sie.

Zum Glück behielt wenigstens Tina einen kühlen Kopf. „Hat irgendjemand ein Handy dabei?“, fragte sie.

„Ja, ich“, gab Lea zurück.

„Ruf unter 112 die Feuerwehr an und sag, dass hier am Waldrand ein Pferd mit Reiterin in den See eingebrochen ist. Sie sollen sofort kommen!“, ordnete Tina an und öffnete ihre Skibindungen.

„Ich versuche zu Fuß möglichst nah an die Einbruchstelle heranzukommen“, sagte sie.

PRAXISTIPP

Die richtige Winterkleidung

Hier sind ein paar Tipps für lange Schnee-Ausritte:

- Zieh mehrere Schichten übereinander an, zwischen denen Luft zirkulieren kann – dadurch wirst du besser gewärmt als durch ein einziges dickes Kleidungsstück.
- Deine Ohren schützt du mit einem Stirnband (passt unter den Reithelm), den Hals hältst du mit einem Baumwolltuch warm.
- Eine Mikrofaser-Daunenjacke und eine Thermoreithose zum Überziehen schützen deinen Oberkörper und die Beine.
- Winter-Reitboots halten die Füße warm.
- Für die Hände sind gefütterte Handschuhe aus Leder, Mikrofaser oder Synthetikdaunen gut.
- Heißer Tipp für verfrorene Reiter: Steck dir zwei kleine Handwärmer (gibt's in Outdoorläden) in die Jackentaschen. So kannst du deine Hände zwischendurch immer wieder an den Taschenöfen wärmen.

Eine verzweifelte Lage

Vorsichtig betrat Tina die verschneite Eisfläche und ging behutsam in Richtung der Einbruchstelle. „Andrea?“, rief sie dabei. „Hörst du mich?“

„Hier bin ich!“, hörte sie auf einmal Andreas Stimme, und dann sah Tina den Kopf der Reitlehrerin, die sich verzweifelt an Little Mollys Mähne festhielt. Litte Molly strampelte wild mit den Beinen und versuchte immer wieder aus dem Loch herauszukommen. Aber der Rand des Eisloches brach nur noch weiter aus, je stärker sie mit den Beinen ruderte.

„Wir haben die Feuerwehr alarmiert!“, rief Tina, während sie sich näherte. „Halte noch etwas aus, Andrea!“

Andrea war kreidebleich im Gesicht und rang mühsam nach Luft. „Komm bloß nicht näher, sonst brichst du auch noch ein!“, keuchte sie. „Little Molly ist vor irgendetwas erschrocken und wie eine Irre übers Eis galoppiert – und dann sind wir eingebrochen!“

Ihre Zähne schlugen heftig aufeinander, und Tina sah, dass Andrea Mühe hatte, die Lippen zu bewegen. „Die Feuerwehr soll vom anderen Seeufer heranfahren“, stieß Andrea hervor. „Hier ist das Ufer nah.“

Ein rettender Einfall

Plötzlich hatte Tina eine Idee. „Ich komme gleich wieder“, sagte sie und eilte über das Eis davon, so schnell es die klobigen Skischuhe erlaubten.

„Schnell, komm mit Brummi an den Waldrand!“, rief sie Verena zu. „Vielleicht können wir Andrea vom anderen Seeufer herausziehen!“

Verena folgte ihr, ohne Fragen zu stellen. Die anderen Mädchen standen frierend da. Instinktiv spürten alle, dass es jetzt um Leben oder Tod ging.

Tinas Plan ging auf: Vom anderen Seeufer aus konnten sie Andrea die Zugstränge von Brummis Geschirr zuwerfen. Trotz ihrer halb erfrorenen Hände gelang es Andrea, einen Strang festzuhalten. Jetzt führte Verena Brummi vom Seeufer weg. Es klappte: Ruhig und gelassen zog Brummi die Reitlehrerin aus dem Eisloch!

Andreas Haut war bläulich angelaufen, und ihre Zähne schlugen aufeinander, sodass sie kaum sprechen konnte.

PRAXISTIPP

Was tun bei Glatteis?

Wenn dein Pferd unter dir ins Rutschen gerät, solltest du schnellstmöglich absteigen. So kann sich das Pferd besser ausbalancieren. Aber pass auf, wenn du auf dem Boden landest: Halte dich vorsichtshalber an der Pferdemähne fest – sonst könnte es sein, dass du auf dem Po statt auf den Füßen ankommst.

„W...w...wo ist Isabell?“, brachte sie mühsam heraus.
„Sie ist wieder bei den anderen“, sagte Tina beruhigend.

Dramatische Bergung

In diesem Augenblick kamen die Feuerwehr und ein Krankenwagen angerauscht. Andrea wurde von den Sanitätern in wärmende Decken gehüllt, dann brauste der Krankenwagen mit ihr davon. Inzwischen war es der Feuerwehr gelungen, Little Molly zu bergen. Die Feuerwehrleute gaben den Mädchen Decken für die Stute, und so führten sie Little Molly zum Stall zurück.
Völlig durchgefroren kamen alle auf dem Hof an. Dort wartete der Tierarzt, um Little Molly zu untersuchen. Die Stute hatte Glück im Unglück gehabt: Sie war nur leicht unterkühlt.

Belohnung für Brummi

An diesem Tag gab es kein anderes Gesprächsthema als die Rettungsaktion. Andrea wurde am Abend aus dem Krankenhaus entlassen, und alle feierten ihre Rückkehr.
Nur ein Mädchen fehlte bei der Feier: Tina! Während die anderen bei Früchtepunsch und Apfelstrudel saßen, hockte Tina bei Brummi im Stall.
„Vielen Dank, Brummi“, sagte sie leise und gab ihm eine Extraportion Karotten und Äpfel. „Nur dank deiner Ruhe konnten wir Andrea heute retten!“
Brummi steckte seine Nase in die Futterschüssel und mampfte zufrieden vor sich hin. Wenn Heldentaten so belohnt wurden, dann war Brummi gerne ein Held ...

TEST

Wie gut eignet sich dein (Lieblings-)Pferd für Skijöring?

Kreuze jeweils die am ehesten auf dich zutreffende Antwort an. Die Auflösung findest du auf Seite 119.

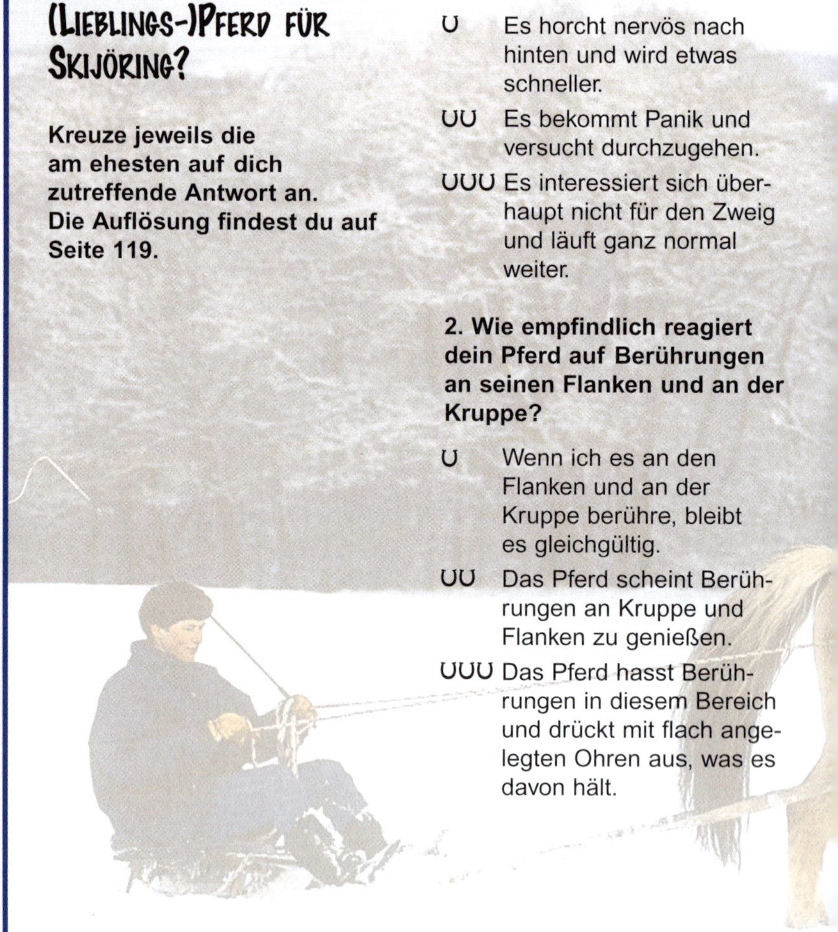

1. Stell dir vor, beim Ausritt verhakt sich ein Zweig im Schweif deines Pferdes, und das Pferd schleift den raschelnden Zweig hinter sich her. Wie reagiert es?

U Es horcht nervös nach hinten und wird etwas schneller.

UU Es bekommt Panik und versucht durchzugehen.

UUU Es interessiert sich überhaupt nicht für den Zweig und läuft ganz normal weiter.

2. Wie empfindlich reagiert dein Pferd auf Berührungen an seinen Flanken und an der Kruppe?

U Wenn ich es an den Flanken und an der Kruppe berühre, bleibt es gleichgültig.

UU Das Pferd scheint Berührungen an Kruppe und Flanken zu genießen.

UUU Das Pferd hasst Berührungen in diesem Bereich und drückt mit flach angelegten Ohren aus, was es davon hält.

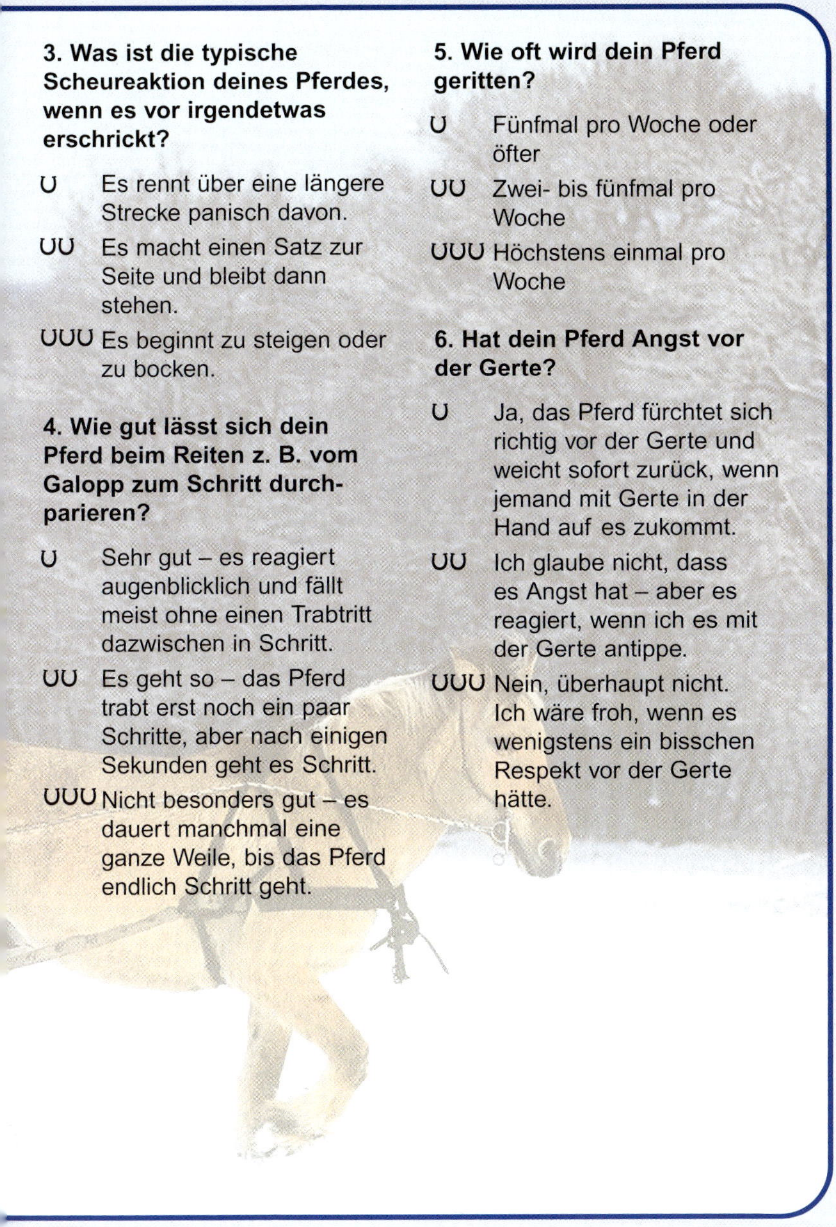

3. Was ist die typische Scheureaktion deines Pferdes, wenn es vor irgendetwas erschrickt?

U Es rennt über eine längere Strecke panisch davon.

UU Es macht einen Satz zur Seite und bleibt dann stehen.

UUU Es beginnt zu steigen oder zu bocken.

4. Wie gut lässt sich dein Pferd beim Reiten z. B. vom Galopp zum Schritt durchparieren?

U Sehr gut – es reagiert augenblicklich und fällt meist ohne einen Trabtritt dazwischen in Schritt.

UU Es geht so – das Pferd trabt erst noch ein paar Schritte, aber nach einigen Sekunden geht es Schritt.

UUU Nicht besonders gut – es dauert manchmal eine ganze Weile, bis das Pferd endlich Schritt geht.

5. Wie oft wird dein Pferd geritten?

U Fünfmal pro Woche oder öfter

UU Zwei- bis fünfmal pro Woche

UUU Höchstens einmal pro Woche

6. Hat dein Pferd Angst vor der Gerte?

U Ja, das Pferd fürchtet sich richtig vor der Gerte und weicht sofort zurück, wenn jemand mit Gerte in der Hand auf es zukommt.

UU Ich glaube nicht, dass es Angst hat – aber es reagiert, wenn ich es mit der Gerte antippe.

UUU Nein, überhaupt nicht. Ich wäre froh, wenn es wenigstens ein bisschen Respekt vor der Gerte hätte.

Training vom Boden aus bringt Abwechslung in den langweiligen Winter-Alltag und verfeinert die Reaktionen des Pferdes.

Winterbeschäftigung für Pferde

Was tun, wenn der Boden steinhart gefroren ist oder dein Pferd im Winterfell beim Reiten zu stark schwitzt? Hier sind ein paar Anregungen für Winter-Aktivitäten mit deinem Pferd, die nicht nur Spaß machen, sondern auch die Verständigung zwischen dir und deinem Vierbeiner verbessern.

Bodenarbeit

- **Führen:**

Stell dich etwa in Höhe der Pferdeschulter auf die linke Seite des Pferdes. Deine rechte Hand hält den Führstrick etwa 20 Zentimeter vom Pferdekopf entfernt, die linke Hand hält das lose

Strickende und eine lange Gerte, um dem Pferd nötigenfalls Gertensignale geben zu können. Jetzt zupfst du am Strick leicht nach vorne, sagst „Komm!“ oder „Scheritt!“ zu deinem Pferd, und gehst selbst los. Falls das Pferd nicht folgt, tippst du es mit der Gerte an der Hinterbacke an. Wenn es wunschgemäß reagiert, lobst du es.

- **Anhalten:**
Zum Anhalten zupfst du am Führstrick nach hinten, sagst „Haaalt!“ oder „Steeeh!“ und bleibst selbst stehen. Wenn nötig, hältst du dem Pferd die Gerte quer vor die Brust. Auch jetzt gilt: Loben nicht vergessen, wenn das Pferd steht!

- **Rückwärtstreten:**
Tippe deinem Pferd mit der Gerte leicht gegen die Brust, gehe von vorne einen Schritt auf es zu und sage deutlich „Zurück!“. Sobald das Pferd richtig reagiert, lobst du es ausgiebig.

- **Seitwärtstreten:**
Stelle dich seitlich neben das Pferd und tippe es mit der einen Hand vorne an der Schulter und mit der anderen (oder mit der Gerte) an der Hinterbacke an. Sobald es seitwärts von dir weg tritt, lobst du das Pferd.

Trailübungen vom Boden aus

Geschicklichkeitshindernisse, wie z. B. Stangenlabyrinth, Brücke oder auf dem Boden liegende Plastikplanen, zeigen dir, ob dein Pferd dir vertraut. So machst du es mit Trailhindernissen bekannt:

- Führe dein Pferd auf den ungewohnten Gegenstand zu und lasse ihm Zeit, die Plane, Brücke oder das Stangenhindernis in Ruhe zu betrachten. Dann forderst du das Pferd auf, wie beim normalen Führen, das Hindernis zu betreten.

- Wenn dein Pferd zögert, lass ihm Zeit. Dabei muss es seine Aufmerksamkeit aber auf das Hindernis lenken und nicht einfach gelangweilt in der Landschaft herumschauen. Sobald es den ersten Schritt auf das Hindernis macht, lobst du das Pferd. So lernt es durch das Lob, was du von ihm erwartest.

QUIZ

Bodenarbeit

Kreuze die richtigen Antworten an.
Die Auflösung findest du auf Seite 119.

1. Welche der folgenden Aktivitäten gehört zur Bodenarbeit?

A Longieren
B Voltigieren
C Skijöring

2. Was solltest du bei der Bodenarbeit immer tragen?

A Knieschoner
B Gummistiefel
C Handschuhe

3. Welches Kopfstück eignet sich nicht für die Bodenarbeit?

A Mechanische Hackamore
B Kappzaum
C Halfter

4. Welche Lektionen kann man nicht vom Boden aus trainieren?

A Anspruchsvolle Dressurlektionen

B Schwierige Zirkuslektionen

C Es gibt keine Lektionen, die man grundsätzlich nicht auch vom Boden aus einüben kann.

5. Worauf achtet das Pferd bei der Bodenarbeit am meisten?

A Körperliche Kraft und Masse des Menschen

B Körperhaltung und Stimme des Menschen

C Kleidung und Frisur des Menschen

6. Was drückt ein Pferd aus, das sich ständig an seinem Ausbilder scheuert?

A Besondere Zuneigung

B Unterwürfigkeit

C Respektlosigkeit

Wieher, wieher ...

„Tritt Ihr Pferd?", fragt der Besucher einen Reiter, der gerade ein Pferd putzt.
„Nein, mein Pferd tritt nicht", sagt der Reiter.
Genau in diesem Moment keilt das Pferd aus und trifft den Besucher. „Sie sagten doch, Ihr Pferd tritt nicht", stöhnt er mit schmerzverzerrtem Gesicht.
„Stimmt", meint der Reiter. „Aber mein Pferd steht dort hinten in seiner Box."

Eine Kaltblutherde spielt mit einer Gruppe von Mäusen Fußball.
Ein Pferd tritt versehentlich auf eine Maus. Als sie sich den Sand aus dem Fell schüttelt, sagt das Pferd verlegen: „Entschuldige, ich habe dich wirklich nicht gesehen."
Die Maus winkt großzügig ab: „Macht nichts, das hätte mir auch passieren können."

Ein riesiges Shire Horse und ein Mini-Pony wollen in die Oper. An der Kasse hängt ein großes Schild:
„Programm 5 €".
Empört dreht das Shire Horse um und geht.
Verdattert trabt das Mini-Pony hinterher und fragt: „Warum läufst du denn weg?"
„Ich bin ja kein Geizhals", antwortet das Shire Horse. „Aber 5 € pro Gramm, das ist mir echt zu teuer."

Auflösung zum Test „Wie gut eignet sich dein Pferd für Skijöring?" (S. 112/113)

Zähle deine Punkte zusammen:

Frage	1	2	3	4	5	6
U	3	5	1	5	5	2
UU	1	4	4	3	4	4
UUU	5	1	2	1	2	5

Gesamtpunktzahl: ....

8–14 Punkte:

Bestimmt hast du es selbst geahnt: Dein Pferd ist zurzeit viel zu hibbelig und unruhig für neue Erfahrungen wie das Skijöring. Das heißt nicht, dass dein Pferd nicht lernen könnte, einen Skifahrer zu ziehen. Aber erst einmal sollte es mehr Vertrauen zu dir fassen und insgesamt besser auf dich hören. Tipp: Bodenarbeit ist eine gute Methode, einen besseren Draht zu deinem Pferd zu bekommen.

15–21 Punkte:

Dein Pferd ist zwar nicht gerade die Ruhe in Person – aber es vertraut dir und hat eine gründliche Ausbildung hinter sich. Wenn dein Pferd eingefahren ist, kannst du zusammen mit einem erfahrenen Erwachsenen ruhig mal versuchen, dein Pferd einen unbemannten Schlitten ziehen zu lassen. Wenn das gut klappt, könnt ihr es mit Skijöring versuchen. Dabei sollte das Pferd anfangs aber vorsichtshalber immer geführt werden.

22–29 Punkte:

Dein Pferd lässt sich durch fast nichts aus der Ruhe bringen und ist trotzdem aufmerksam und gehorsam – ideale Voraussetzungen fürs Skijöring! Wenn das Pferd eingefahren ist, kannst du ruhig mal ausprobieren, wie es auf einen Skifahrer hinter sich reagiert. Falls es keine Fahrausbildung hat, gilt aber auch für dein Pferd, dass es zuerst von einem professionellen Fahrausbilder geschult werden muss. Sicher ist sicher!

Auflösung zum Quiz „Bodenarbeit" (S. 116/117)

Diese Antworten sind richtig:
1 A, 2 C, 3 A, 4 C, 5 B, 6 C.

Pferdeshows für Groß und Klein

Eine Quadrille ist das Highlight jeder Pferdeveranstaltung – aber auch mit verkleideten Pferden kann man das Publikum verzaubern ...

„Vor unserer Musikquadrille war ich total aufgeregt. Erst als ich im Sattel saß, bin ich wieder ganz cool geworden." (Jule, 13)

„Letztes Jahr habe ich mit meinem Pony einen Kostümwettbewerb gewonnen. Nicky war als Kamel verkleidet und ich als Scheich." (Ellen, 12)

„Mein Pflegepferd liebt Musik. Wenn in der Reithalle das Radio läuft, ist Marco viel lebhafter als sonst." (Sina, 13)

„Für die Weihnachtsfeier haben meine Freundin und ich einen Paarritt einstudiert. Wir haben uns als Engel verkleidet, und das Publikum war begeistert!" (Moni, 14)

Rätsel um Rosi

Rosi erwartete nichts mehr von ihrem Leben, jedenfalls nichts Gutes. In den vierzehn Jahren ihres Lebens hatte die kräftige Warmblutstute neun Fohlen auf die Welt gebracht - aber sie hatte nicht viel von ihrem Mutterglück gehabt. Während andere Zuchtstuten friedlich mit ihren Kindern auf der Weide grasten, hatte Rosi immer nur gearbeitet - egal, ob sie hochträchtig war oder ein Fohlen bei Fuß hatte.

Seit sie drei war, lebte Rosi im Verleihstall von Herrn Wenders. Der Stallbesitzer vermietete seine Pferde stundenweise an jeden, der dafür bezahlte - gleichgültig, ob er reiten konnte oder nicht, ob er die Pferde liebevoll oder grob behandelte.

Hoffnungsloses Dasein

Rosi war im Laufe der Jahre immer trauriger geworden. Der Ausdruck ihrer großen braunen Augen war stumpf und nach innen gerichtet, und ihr durch die vielen Fohlen unförmig gewordener Bauch war wie ein Schutzpanzer, mit dem Rosi sich durch die Gegend schob.

Herr Wenders interessierte sich nicht dafür, wie es seinen Tieren ging. Hauptsache, sie brachten Geld in die Kasse. Und das tat Rosi - nicht nur, weil sie Runde um Runde fremde Menschen auf ihrem Rücken trug. Nein, Rosi war vor allem wegen ihrer Fohlen wertvoll. Denn bisher war jedes ihrer Kinder ein richtiges Prachtstück gewesen und hatte Herrn Wenders viel Geld eingebracht.

Auch jetzt war es wieder so weit: Rosis diesjähriges Fohlen, das kleine Stütchen Ramira, war sechs Monate alt und stand zum Verkauf.

Seltsame Begegnung

Rosi blickte kaum auf, als ein junges Mädchen mit langen braunen Haaren den Kopf über die halbhohe Boxentür streckte. Bestimmt interessierte sich das Mädchen ohnehin nur für Ramira.

Doch was war das? Statt wie die meisten Besucher nur auf das Fohlen zu achten, begrüßte das Mädchen zuerst Rosi. „Hallo, meine Schöne“, sagte sie leise und strich mit der Hand sachte über Rosis Nasenrücken. „Du bist also die stolze Mama von der Kleinen.“ Rosi spitzte erstaunt die Ohren. Es war schon lange her, dass jemand so liebevoll mit ihr gesprochen hatte.

In Rosis Gedächtnis stiegen ein paar Bilder auf - Erinnerungen an zärtliche Hände, die sie gestreichelt hatten, als sie selbst noch ganz klein war. Erinnerungen an das warme Gefühl der Geborgenheit ... Verwundert schnaubte Rosi und schüttelte leicht den Kopf. Nein - daran wollte sie jetzt gar nicht denken!

Arme Rosi!

Nun tauchten hinter dem Mädchen ein Mann und eine Frau auf. Sie betrachteten Ramira, die neugierig zur Boxentür gelaufen war und die Fremden beschnupperte.

„Ist die aber süß!“, rief die Frau begeistert.

„Mir gefällt die Kleine auch gut“, sagte der Mann. Dann wandte er sich an Herrn Wenders und erklärte: „Wissen

PRAXISTIPP

Verleihställe – nein danke!

Leider gibt es immer noch Ställe, in denen man auch ohne Reitkenntnisse Pferde mieten und einfach drauflosreiten kann. Das ist nicht nur sehr gefährlich, sondern auch Tierquälerei. Denn natürlich wissen die meisten dieser „Reiter“ nicht, wie man sich mit Pferden verständigt, und versuchen sich deshalb mit Gewalt durchzusetzen.

Bitte meide Ställe, in denen du von Anfang an unbeaufsichtigt reiten darfst – denn die Leidtragenden sind die Pferde!

Sie, unsere Tochter Johanna wünscht sich ein Fohlen, das sie später einmal selbst ausbilden möchte. Zu ihrem 14. Geburtstag wollen wir ihr den Wunsch erfüllen.“

„Gute Idee“, polterte Herr Wenders, und Johanna merkte, wie Rosi zusammenzuckte, wenn er etwas sagte. „Die Fohlen von unserer Rosi sind

immer gute Reitpferde geworden." Mit seiner dicken Pranke patschte er Rosi grob im Gesicht herum.
Johanna starrte ihn wütend an. Die Fuchsstute mit den traurigen Augen hatte irgendetwas an sich, was Johanna tief in ihrem Herzen berührte ...

Von wegen Dickschiff!

Zwei Tage und endlose Diskussionen später fiel die Entscheidung: Johannas neues Pferd hieß nicht Ramira, und es war auch kein Fohlen. Johanna hatte sich ausgerechnet für die dicke Rosi entschieden!
„Aber du wolltest doch ein Pferd, mit dem du später mal auf Turniere gehen kannst", sagten ihre Freundinnen im Reitstall kopfschüttelnd. „Das kannst du mit diesem Dickschiff ja wohl vergessen!"
„Na und?", entgegnete Johanna kämpferisch. „Dafür ist Rosi ein herzensgutes Pferd. Seht euch nur mal ihre Augen an ..."

Vorsicht, vorsicht ...

Rosi wusste nicht so recht, was sie von der neuen Lage halten sollte. Einerseits ging es ihr wie Johanna, und sie spürte eine tiefe Zuneigung zu ihrer neuen Besitzerin. Andererseits hatte Rosi gelernt, dass von Menschen nichts Gutes zu erwarten war. Weshalb sollte das braunhaarige Mädchen anders sein als die vielen Reiter, die Rosi schon grob behandelt hatten?
So kam es, dass Rosi sich beim Reiten so verhielt, wie sie es aus dem Verleihstall von Herrn Wenders gewohnt war: Gelassen drehte sie ihre Runden, reagierte kaum auf Johannas Hilfen und versuchte die Reitstunden möglichst kräftesparend hinter sich zu bringen.

Des Rätsels Lösung?

Doch so leicht gab Johanna nicht auf: Sie war fest davon überzeugt, dass es irgendetwas geben musste, was Rosi Freude bereitete. Johanna probierte es mit Bodenarbeit, mit Springgymnastik, mit gemütlichen Ausritten und mit gebisslosen Zäumungen – aber vergebens: Rosis Blick blieb stumpf und in sich gekehrt ...
Eines Tages kam das Schicksal Johanna zur Hilfe: Sie führte

Rosi gerade von der Weide zum Stall, als ein Festumzug des örtlichen Schützenvereins durch den Ort zog. Die Musik der Blaskapelle hallte laut durch die Straßen - und auf einmal ging mit Rosi eine Verwandlung vor sich: Die Stute hob den Kopf und spitzte die Ohren. Ihre Augen bekamen einen freudigen Glanz, und sie begann sogar ein bisschen zu tänzeln.

Johannas Herz klopfte bis zum Hals. War es möglich, dass sie den Schlüssel zu Rosis verschlossenem Herzen gefunden hatte? Sie musste es unbedingt herausfinden, am besten noch heute!

Reiten zu Musik

Viele Pferde mögen Musik und freuen sich über musikalische Begleitung beim Reiten. Im Reitsporthandel werden spezielle Kassetten und CDs mit Reitmusik angeboten. Im Idealfall sollte die Musik immer zum Takt der Pferdebewegungen passen – also im Schritt zum Viertakt, im Trab zum Zweitakt und im Galopp zum Dreitakt.

Aber Vorsicht: Manche Pferde haben Angst vor Musik! Probiere die Wirkung also lieber erst vom Boden aus, bevor du in den Sattel steigst.

Auch auf großen Turnieren wird übrigens zu Musik geritten: In der höchsten Dressurklasse S zeigen die Teilnehmer der Musikkür sehr schwierige Lektionen, wie z. B. Galopp-Pirouette, Piaffe und Passage.

Zaubermusik für Rosi

Kurz darauf schleppte Johanna die kleine Stereoanlage aus dem Reiterstübchen in die Reithalle und baute sie dort auf. Dann suchte sie einen Klassiksender, holte Rosi und ließ sie in der Halle laufen. Auch jetzt spitzte die Stute wieder freudig die Ohren, als sie die Musik hörte. Lebhaft, wie Johanna sie noch nie gesehen hatte, trabte die schwere Fuchsstute durch die Halle und wirkte plötzlich wunderschön und elegant.

Johannas Knie waren weich wie Gummi, als sie der Stute Sattel und Zaumzeug anlegte und sich auf ihren Rücken schwang. Und tatsächlich: Rosi war wie ausgewechselt und arbeitete begeistert mit!

Reise in die Vergangenheit

Rosi wusste selbst nicht recht, wie ihr geschah. Wenn sie die Klänge der Musik hörte, fühlte sie sich beschwingt und leicht wie schon lange nicht mehr. In einem fernen Winkel ihres Gedächtnisses stieg die Erinnerung an eine Frau hoch – an eine Frau, die ihr beim Putzen immer Lieder vorgesungen hatte. Das war damals gewesen, als Rosi noch ganz jung war.

Doch dann war Herr Wenders gekommen und hatte sie in den Pferdehänger gezerrt. Und plötzlich erinnerte Rosi sich auch wieder an den Abschied von der Frau, die so schön singen konnte.

„Bitte verzeih mir, Rosi“, hatte die Frau geschluchzt und die Arme um Rosis Hals gelegt. „Ich kann dich nicht behalten, denn ich bin schwer krank ...“ Ein paar heiße Tränen hatten Rosis Gesicht benetzt, und die Stute hatte den salzigen Geschmack der Tränen auf ihrer Zunge gespürt. Dann hatte sich der Pferdehänger in Bewegung gesetzt. Rosi hatte die Frau nie wieder gesehen.

Daran erinnerte sich Rosi, als sie jetzt zu den Klängen einer Operette durch die Halle trabte. Und langsam, ganz langsam begann Rosi zu hoffen, dass das Glück mit Johanna von Dauer sein könnte ...

Eine Chance für Rosi

„Na, so was!“ Die Reitlehrerin Heike lugte über das Reithallentor und traute ihren

Quadrillen & Pas de deux

Für eine **Quadrille** braucht man mindestens vier Reiter, es können aber auch mehr sein. Hauptsache, die Zahl lässt sich durch zwei teilen! Die Teilnehmer bilden zwei Gruppen, die spiegelbildlich jeweils die gleichen Lektionen ausführen, z. B. Sprünge oder Dressurübungen. Bei manchen Quadrillen tragen alle Pferde die gleiche Ausrüstung (z. B. weiße Satteldecken und weiße Bandagen an den Beinen). Manchmal sind die Pferde auch paarweise mit bestimmten Farben geschmückt. Wenn nur zwei Reiter teilnehmen, nennt man so einen Ritt übrigens **Pas de deux**.

Quadrillereiten ist gar nicht so einfach: Die Reiter müssen ihre Pferde sehr exakt steuern und sie gut im Tempo regulieren können – sonst gibt es in der Reitbahn ein heilloses Durcheinander!

Augen kaum. Die Musik hatte sie in die Halle gelockt - und was sie da sah, beeindruckte sie sehr!

Ausgerechnet die dicke Rosi schwebte unter Johanna im perfekten starken Trab quer durch die Halle!

Johanna bemerkte die Reitlehrerin und parierte atemlos durch.

„Hast du das gesehen, Heike?“, rief Johanna strahlend. „Rosi steht total auf Musik!“

„Ja, ich habe es gesehen“, erwiderte Heike nachdenklich. „Und dabei ist mir gleich etwas eingefallen. Wir wollen doch auf unserem Sommerfest eine Quadrille aufführen - aber weil Ajax lahmt, fehlt uns ein Fuchs. Hast du vielleicht Lust, mit deiner Rosi mitzureiten?“

„Meinst du wirklich?“, rief Johanna begeistert. „Das traust du uns zu?“

„Na klar“, erwiderte Heike und lächelte. „Ich verspreche auch, dass während der Quadrille die ganze Zeit Musik läuft!“

Festschmuck für Pferde

Wenn du mit deinem Pferd an einer Quadrille oder einer anderen Schauvorführung teilnehmen möchtest, solltest du es festlich schmücken – z. B. mit Zöpfchen in Mähne und Schweif, um die du bunte Schleifen bindest, oder mit farbigen Bandagen.

Bitte teste den „Festschmuck" bei einem Proberitt auf seine Haltbarkeit – nichts ist peinlicher als Ausrüstungsteile, die sich plötzlich während der Aufführung lösen!

Rosi packt aus

Gesagt, getan: In den nächsten Wochen übten Johanna und Rosi dreimal die Woche mit sieben anderen Reitern eine Musikquadrille ein. Und die Fuchsstute machte ihre Sache gut, sehr gut sogar.

„Unglaublich, was in Rosi alles steckt", meinte Heike kopfschüttelnd, als Johanna und Rosi schon beim dritten Anlauf fast perfekte Trabtraversalen schafften. „Wenn ihr so weitermacht, könnt ihr tatsächlich bald auf Turnieren starten."

„Aber nur in der Musikkür", gab Johanna grinsend zurück.

Das Sommerfest

Dann kam der große Tag: Die Sonne schien, und dutzende von Besuchern strömten auf den Hof. Johanna und die anderen Quadrillenreiter wurden immer nervöser.

Endlich begannen die Vorführungen. Erst zeigte die Voltigiergruppe ihre Übungen, und anschließend sagte Heike die Quadrille an. Die Pferde waren auf Hochglanz poliert, und die Luft knisterte vor Spannung, als die Reiter jetzt in die Halle einritten.

Alles klappte wie am Schnürchen. Leichtfüßig und schwungvoll führten die Pferde ihre Lektionen aus, zogen spiegelbildlich ihre Figuren durch den Sand und verzauberten das Publikum zu den Klängen eines Klavierkonzerts von Chopin.

Rosi folgte mit gespitzten Ohren selbst den kleinsten Hilfen ihrer Reiterin, und kein Zuschauer wäre je auf die Idee gekommen, dass die schöne Fuchsstute mit den strahlenden Augen und dem ausdrucksvollen Gesicht vor kurzem noch ganz anders ausgesehen hatte.

Als die Reiter schließlich auf der Mittellinie durchparierten, brach ohrenbetäubender Applaus los.

Ein Zuhause für Rosi

Wie auf Wolken ritt Johanna aus der Halle. Draußen schlang sie beide Arme um den Hals von Rosi, und ein paar Tränen der Dankbarkeit tropften auf das Fell der Stute.

Erstaunt leckte Rosi die warme Flüssigkeit ab. Da hatte sie den salzigen Geschmack von Tränen auf der Zunge – und es schmeckte nach Geborgenheit und zärtlichen Händen und leise gesungenen Liedern. In diesem Augenblick begriff Rosi, dass sie zu Hause angekommen war.

Von jenem Tag an war Rosi wieder das fröhliche, aufgeschlossene Pferd, das sie in ihrer Jugend gewesen war. Und Johanna war die glücklichste Pferdebesitzerin der Welt ...

PRAXISTIPP

Immer schön cool bleiben!

Klar, dass du vor einer Aufführung nervös bist – aber versuche dir klar zu machen, dass du nicht perfekt sein musst! Bei Ritten vor Publikum kommt es vor allem auf die Ausstrahlung von Pferd und Reiter an: Wenn ihr beide fröhlich und zufrieden wirkt, verzeiht man euch kleine Fehler gerne. Sitzt du dagegen verkrampft und verbissen im Sattel, geht die schöne Ausstrahlung flöten – und das ist viel schlimmer als ein paar Patzer!

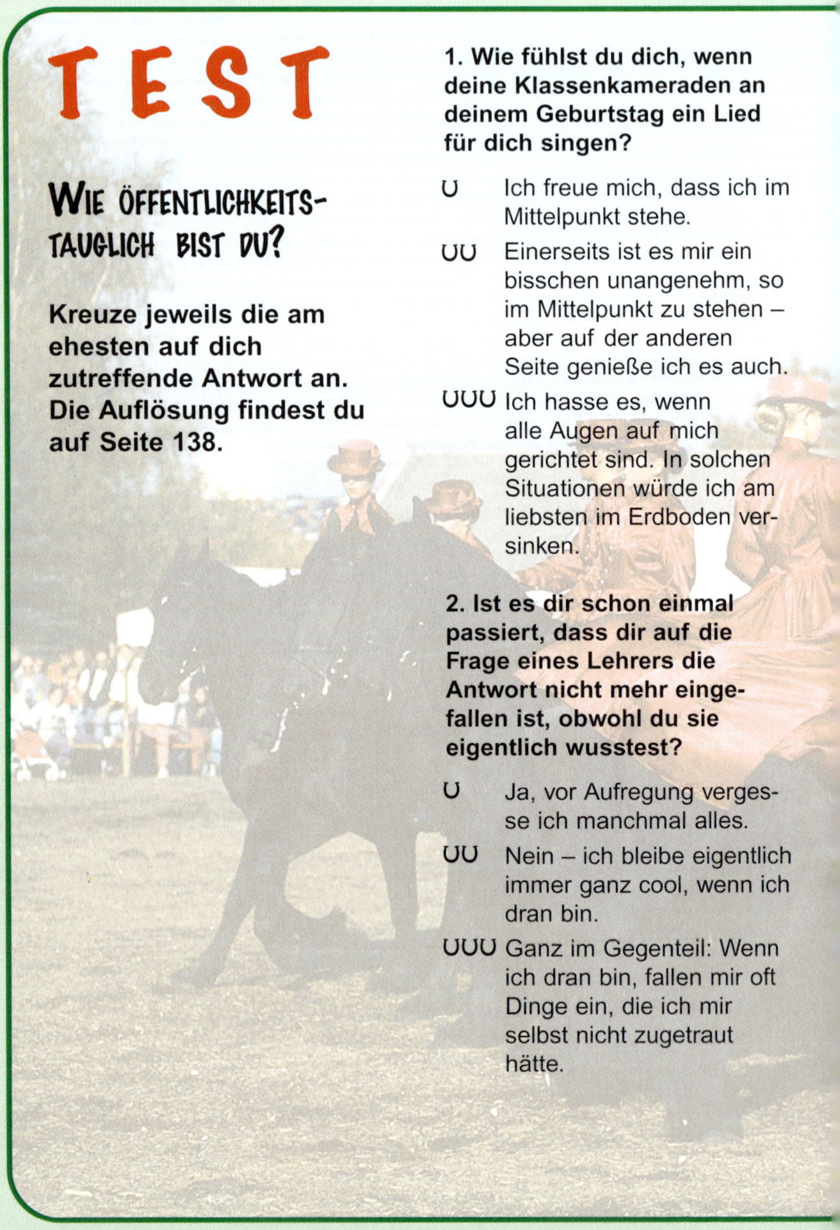

TEST

Wie öffentlichkeits-tauglich bist du?

Kreuze jeweils die am ehesten auf dich zutreffende Antwort an. Die Auflösung findest du auf Seite 138.

1. Wie fühlst du dich, wenn deine Klassenkameraden an deinem Geburtstag ein Lied für dich singen?

U Ich freue mich, dass ich im Mittelpunkt stehe.

UU Einerseits ist es mir ein bisschen unangenehm, so im Mittelpunkt zu stehen – aber auf der anderen Seite genieße ich es auch.

UUU Ich hasse es, wenn alle Augen auf mich gerichtet sind. In solchen Situationen würde ich am liebsten im Erdboden versinken.

2. Ist es dir schon einmal passiert, dass dir auf die Frage eines Lehrers die Antwort nicht mehr eingefallen ist, obwohl du sie eigentlich wusstest?

U Ja, vor Aufregung vergesse ich manchmal alles.

UU Nein – ich bleibe eigentlich immer ganz cool, wenn ich dran bin.

UUU Ganz im Gegenteil: Wenn ich dran bin, fallen mir oft Dinge ein, die ich mir selbst nicht zugetraut hätte.

3. Was glaubst du, wie du auf andere Menschen wirkst?

U Fröhlich und aufgeschlossen

UU Schüchtern und still

UUU Nachdenklich und klug

4. Welche Rolle hättest du bei einem Theaterstück am liebsten?

U Die Rolle der Souffleuse, damit mich niemand sieht

UU Die Hauptrolle

UUU Eine Nebenrolle

5. Wann reitest du nach deiner eigenen Einschätzung am besten?

U Beim Abteilungsreiten in der Reitstunde

UU Wenn ich in der Halle oder auf dem Platz eine Einzelstunde bekomme

UUU Wenn ich alleine im Gelände reite

6. Hast du schon einmal an einem Turnier teilgenommen?

U Um Himmels willen – nein! Und ich habe es auch in Zukunft nicht vor.

UU Leider nein – aber sobald ich gut genug reite, möchte ich auf Turniere gehen.

UUU Ja – und es hat riesigen Spaß gemacht.

Mit etwas Fantasie kannst du dein Lieblingspferd sogar in ein Einhorn verwandeln!

Kostüme für Pferde

Es muss nicht immer Reiten sein: Verkleidet eure Pferde doch mal - das macht nicht nur an Karneval Spaß! Ihr könnt die Pferde z. B. passend zu bestimmten Berufen (z. B. Arzt, Koch o. Ä.) verkleiden oder einen Pferde-Kostümball unter einem bestimmten Motto veranstalten. Beispiele: Indianerball, Cowboyball, Engelsball, Prinzessinnenball - und so weiter.
Ob ihr nur die Pferde oder auch euch selbst kostümiert, bleibt euch überlassen.
Auf diesen Seiten findest du ein paar Anregungen für die Kostümierung.

Verkleide dein Pferd doch mal als Bäcker ...

... oder fühle dich selbst wie ein Engel ...

... oder verkleide dein Pferd als Koch ...

... oder schwing dich mal mit Mütze, Schal und Rock in den Sattel. Viel Spaß!

QUIZ

Kleines Dressur-Einmaleins

Kreuze die richtigen Antworten an.

Die Auflösung findest du auf Seite 138.

1. Auf welcher Seite des Pferdes sollte das lose Zügelende herunterhängen?

A Immer links

B Immer rechts

C Immer auf der inneren Seite

2. Was ist der Unterschied zwischen einem Zirkel und einer Volte?

A Der Zirkel ist größer.

B Die Volte ist größer.

C Es gibt keinen Unterschied.

3. Welcher Körperteil des Pferdes soll in korrekter Dressurhaltung den höchsten Punkt bilden?

A Die Kruppe

B Der Widerrist

C Das Genick

4. In welche Richtung sind Pferdekopf und -hals beim Schenkelweichen gestellt?

A In die Richtung, in die sich das Pferd bewegt

B In die entgegengesetzte Richtung – also die, von der sich das Pferd wegbewegt

C Kopf und Hals bleiben gerade.

5. Wie nennt man es, wenn der Reiter sein Pferd aus dem Linksgalopp zum Schritt durchpariert und nach einigen Schritten im Rechtsgalopp wieder angaloppiert?

A Einfacher Galoppwechsel

B Langsamer Galoppwechsel

C Fliegender Galoppwechsel

6. In welcher Hand trägt der Reiter normalerweise die Gerte?

A In der linken Hand

B In der rechten Hand

C In der inneren Hand

Auflösung zum Test „Wie öffentlichkeitstauglich bist du?" (S. 130/131)

Zähle deine Punkte zusammen:

Frage	1	2	3	4	5	6
U	5	1	5	1	4	1
UU	5	4	1	6	3	4
UUU	1	5	2	3	1	5

Gesamtpunktzahl: ....

6–14 Punkte:

Deine Stärken:
Für dich zählen vor allem die inneren Werte, auf Äußerlichkeiten legst du keinen Wert.

Deine Schwächen: Du bist oft unsicher und wirst vor Auftritten in der Öffentlichkeit sehr nervös.

Empfehlung: Beim Reiten kannst du auf die Teilnahme an Aufführungen und Turnieren verzichten. Um deine Nervosität in anderen Lebensbereichen abzubauen, solltest du dein Selbstvertrauen stärken. Schreibe einige Wochen lang täglich eine andere gute Eigenschaft von dir auf. Du wirst staunen, was für eine Liste entsteht!

15–21 Punkte:

Deine Stärken: Du liebst Gesellschaft und bist der ideale Teamplayer, weil du dich nicht in den Vordergrund spielst.

Deine Schwächen: Du bist manchmal etwas schüchtern und schätzt deine eigenen Fähigkeiten zu negativ ein.

Empfehlung: Für dich sind Quadrillen und andere Gruppenvorführungen genau das Richtige. Auf Einzelritte solltest du erst einmal verzichten, bis du etwas sicherer geworden bist. Denn du wirst sehen: Mit jeder gelungenen Gruppenshow steigt dein Selbstbewusstsein!

22–30 Punkte:

Deine Stärken: Du liebst es, im Rampenlicht zu stehen, und läufst vor Publikum zur Höchstform auf.

Deine Schwächen: Wenn Zuschauer in der Nähe sind, denkst du oft nur noch an dich – und das geht manchmal zu Lasten anderer.

Empfehlung: Versuche deine besonderen Fähigkeiten auch bei Gruppenveranstaltungen zu nutzen: Du kannst das ganze Team mitreißen, wenn es dir gelingt, die anspornende Wirkung des Publikums auf die anderen zu übertragen. So haben alle etwas davon, dass du der geborene Star bist!

Auflösung zum Quiz „Kleines Dressur-Einmaleins" (S. 136/137)

Diese Antworten sind richtig:
1 B, 2 A, 3 C, 4 B, 5 A, 6 C.

Tipps

Empfehlenswerte Bücher zum Thema:

- Christa Arz,
Faszination Wanderreiten,
Müller Rüschlikon Verlag,
Cham (Schweiz),
ISBN 3-275-01256-8

- Renate Ettl,
Sicher Geländereiten,
BLV Verlag, München,
ISBN 3-405-15883-4

- Marlit Hoffmann,
Reiterrallyes – Reiterspiele,
Kosmos Verlag, Stuttgart,
ISBN 3-440-07558-3

- Edel Marzinek-Späth,
Das große Pferdelexikon A–Z, Egmont Franz Schneider Verlag, München,
ISBN 3-505-11455-3

- Carola von Kessel,
I love horses – Reiten lernen,
Egmont Franz Schneider Verlag, München,
ISBN 3-505-11793-5

- Angelika Schmelzer,
ABC der Bodenarbeit,
Cadmos Verlag, Lüneburg,
ISBN 3-861-27255-5

Empfehlenswerte Zeitschriften:

- **Cavallo,**
Scholten Verlag, Stuttgart

- **Freizeit im Sattel,**
fs Verlag, Bonn

- **Pegasus Pferdemagazin**,
Goldach (Schweiz)

- **Pferde heute,**
Symposion Verl., Saarbrücken

- **Wendy,**
Egmont Ehapa Verlag, Berlin

Empfehlenswerte Videos:

- Marlit Hoffmann,
Reiterrallyes – Reiterspiele,
Kosmos Verlag, Stuttgart,
ISBN 3-440-06765-3

- Linda Tellington-Jones,
TTEAM-Bodenarbeit – TTEAM für Freizeitreiter,
Kosmos Verlag, Stuttgart,
ISBN 3-440-07905-8

Wichtige Adressen:

Deutsche Reiterliche Vereinigung (FN)
Freiherr-von-Langen-Str. 13
D-48231 Warendorf
www.fn-dokr.de

Bundesfachverband für Reiten und Fahren in Österreich (FENA)
Geiselbergstr. 26–32 / 512
A-1110 Wien
www.fena.at

Schweizerischer Verband für Pferdesport (FSSE)
Papiermühlenstr. 40 H
CH-3000 Bern 22
www.svps-fsse.ch

Vereinigung der Freizeitreiter und -fahrer
Am Bauernwald 5b
D-81739 München
www.vfdnet.de

Erster Trecking Club Deutschlands
Im Seeteich 3
D-74423 Siehdichfür
www.etcd.de

Islandpferde-Reiter- und Züchter-Verband
Justus-von-Liebig-Str. 5
D-31162 Bad Salzdetfurth
www.ipzv.de

Erste Westernreiter Union Deutschlands
Dorfstraße 5
D-56305 Niederähren
www.ewu-deutschland.de

Interessante Websites:

- **www.schneiderbuch.de**
Hier beantworten Pferde-Experten alle Fragen rund um Pferde.

- **www.pferdezeitung.de**
Interessante Website für Freizeitreiter mit aktuellen Informationen und tollen Fotos.

- **www.pferdezeitung.com**
Wöchentlich erscheinendes Online-Magazin mit interessanten Artikeln und umfangreichem Pferde-Anzeigenmarkt.

- **www.reiten.de**
Wissenswertes rund um Pferde mit breit gefächertem Anzeigenmarkt.

- **www-vetpharm.unizh.ch/giftdb/giftf.htm**
Giftpflanzen-Datenbank mit Suchmöglichkeit nach Symptomen und Pflanzennamen.

- **www.welt-der-pferde.de**
Gedichte, Geschichten und Informationen rund um Pferde; mit umfangreicher Reiterspieleliste.

- **www.mounted-games.de**
Homepage des Verbandes für Mounted Games Deutschland. Hier gibt es Informationen über offizielle Reiterspiele mit Turnierterminen, Reglement etc.

Mein herzlicher Dank ...

... gilt Familie Broich vom **Gestüt Seehof** in Nettetal sowie Frau Sabine Koch von der Islandpferde-Reitschule **Puttenbroekhof** in Goch am Niederrhein, die freundlicherweise ihre Anlagen, ihre Pferde und ihre Zeit für zahlreiche Aufnahmen in diesem Buch zur Verfügung gestellt haben.
Ganz besonders danke ich den Hauptpersonen dieses Buches: den Mädchen und Pferden, die auf den Fotos zu sehen sind.

Carola von Kessel

Die Autorin

Carola von Kessel arbeitete nach ihrer Ausbildung zur Redakteurin als Lektorin, bevor sie wieder zum Schreiben zurückkehrte. Derzeit ist sie als freie Journalistin für verschiedene Buch- und Zeitschriftenverlage tätig. Die langjährige Pferdebesitzerin lebt mit ihrem Mann und mehreren Pferden auf einem kleinen Hof am Niederrhein.

Register